U0239285

溪谷留香

第二版

武夷岩茶香从何来？

The Story of XiguLiuxiang

刘勤晋 编著

北京·中国农业出版社

图书在版编目（CIP）数据

溪谷留香 ：武夷岩茶香从何来？ / 刘勤晋编著. ——
2版. —— 北京 ： 中国农业出版社，2019.4
ISBN 978-7-109-25258-5

Ⅰ．①溪… Ⅱ．①刘… Ⅲ．①武夷山－茶文化 Ⅳ.
①TS971.21

中国版本图书馆CIP数据核字(2019)第034265号

中国农业出版社出版

（北京市朝阳区麦子店街18号楼）
（邮政编码 100125）
责任编辑 孙鸣凤
————————————
北京通州皇家印刷厂印刷 新华书店北京发行所发行
2019年4月第2版 2019年4月北京第1次印刷
————————————
开本：700mm×1000mm 1/16 印张：14.5
字数：200千字
定价：98.00元
（凡本版图书出现印刷、装订错误，请向出版社发行部调换）

　　刘勤晋 1939年7月出生于四川成都，教授，博士研究生导师。原西南大学茶叶研究所所长，重庆市首届茶学学科带头人。成长于书香世家，从小接受良好的传统文化教育，少年立志学农，志在改变中国农村落后面貌。西南农学院毕业后留校任教，从事高校茶学教育50年，为中国现代茶业发展培养多层次茶学人才逾千人。为了振兴华茶，已届八旬，仍奋战在巴渝古茶区茶树资源保护与科学利用的战斗岗位上，现任重庆市古树茶研究院院长。曾主编、参编《茶文化学》《制茶学》《茶叶加工学》《茶学概论》等高等茶学教材，著有《茶经导读》《普洱茶的科学》《中国普洱茶之科学读本》《名优茶加工》等十余种茶书，参与编写《中国茶叶大辞典》《中国农业百科全书·茶业卷》《世界茶文化大全》等。荣获"中华优秀茶教师终身成就奖"和以当代茶圣吴觉农命名的"觉农勋章奖"，享受国务院政府特殊津贴。

风味德馨
为世所贵

The Story
of XiguLiuxiang

　　享有世界文化与自然遗产称号的武夷山，不仅以"碧水丹山"瑰丽景色名传天下，也因盛产茶叶誉满古今。特别使人神往的是，它的茶叶品种奇特、采制精良、工艺考究、形色香味均异于其他茶类名茶，而居茗品之首。宋人范仲淹称它为"奇茗"毫不夸张，更令人称奇的是这里茶人努力拼搏的工匠精神。

　　二零一一年，在退休一年以后，我接受了时任福建武夷学院校长杨江帆教授的邀请，前往武夷山出任该校特聘教授，协助茶学学科的建设。时值深秋，武夷山山色青黛，九曲溪流水潺潺，武夷学院沉浸在一片清新的空气之中。武夷学院地处迅速发展的武夷山市郊，原来这里就是历史上崇安茶叶试验场的所在地。眼前的一切，又把我带入了30多年前：1979年春天，著名茶学家陈椽教授为编写《制茶学》教材搜集资料，带我来到福建武夷山茶区考察，当时"四人帮"刚倒台不久，百废待兴的武夷山一片凋零。如今这里山水依旧，宾馆林立，茶事兴旺，交通繁忙，一片旅游胜地之繁荣景象！

一个周末，昔日弟子武夷山籍的周彬先生带我到当地茶厂考察。他向我介绍了一位武夷山当年的制茶状元——叶家亮。听说是国家级非物质文化遗产岩茶制作技艺传承人、武夷山市茶业同业公会会长刘国英先生的大徒弟。我们来到了莲花峰下的柘洋村。在一栋制茶厂前面，一个年轻的小伙子站在我的面前，他就是叶家亮。他身材魁伟，容貌英俊，面带微笑，双手伸出来紧紧握住我的手。我参观了做青车间和茶园，并来到了他的评茶室。他拿出了当年得奖的"肉桂"请我品尝。近年来，"肉桂"这个品种在武夷山非常流行。多数人把它与"水仙"拼配赋以商品大红袍之名，市场很红火，而肉桂那种馥郁的芬芳及浓厚的茶味却未充分地表达出来。叶家亮独具匠心，采用传统与现代结合的构思制成了具有微辛回甘茶味又有幽雅芳香的岩茶。我眼睛一亮，这不正是岩骨花香的再现吗？"更深何物可浇书，不用香醅用苦茗。就中武夷品最佳，气味清和兼骨鲠。"当年乾隆皇帝在养心殿冬夜煎茶的著名诗句，立刻浮现在我的眼前。我一边喝茶，一边和家亮聊起他制茶的感受，深为这个年轻人用心做茶精神所感动。这时，他才26岁，居然在武夷山这个英雄辈出的地方脱颖而出。他告诉我，他读书不多，但是悟性很强，他认定要做的事，就一定要好好去做，他把"一生专注做一事"当作人生的信条。离开柘洋村时已近黄昏，他要我题词留念，我站在二楼的凉亭上远望对面高耸的莲花峰，欣然留下我的感言："望岩见奇桂，溪谷留香韵。叶嘉有传人，勇夺瑞草魁。"

我与叶家亮的交往虽然只有五年多的时间，但是我看见他在专业的道路上，一步一个脚印努力前进。不但关注制茶品质的稳定，也在核心工艺创新、装备的改造、品质的提升方面颇用心力，终于做成了"溪谷留香"这样一个岩茶的新品牌。对于茶叶的加工，我国一贯重视传统工艺传承，但是随着科学技术的进步和装备的更新，茶叶加工核心技术也需不断创新。特别是不同品种核心技术的"做青"和"烘焙"环节，掌控绝非易事，只有匠心倾注，岩茶品质才会提升；随着产品数量的增加，保持品质的稳定，更需大量心力付出。茶树是一种异花授粉植物，其有性后代多有变异，扦插繁殖也随生态环境改变而有退化，其生物多样性带给人类美好享受同时，也增加了加工工艺的难度，故茶区广泛流传"看天做茶，看茶做茶"之民谚。我看见很多茶农，用传统工艺，做小批量的茶，质量还不错。但是当规模扩大以后，质量就难以稳定。这个问题根本的原因在于：传统工艺是建立在手工作业基础上，受制于品种、季节、气候以及产地的环境。在市场需求不断扩大的今天，要增加供给同时又做到品质稳定，必须在洞悉岩茶成香机理前提下，使产品从品种、栽培、采制实现标准化、机械化、规范化！因此，提升员工的技术水平和工厂管理水平即成为关键。五年多来，我亲眼看见叶家亮在刻苦攻关制茶技术同时，茶厂装备亦不断更新。尤其他对"用心做茶"工匠精神体会不断加深，且为自己规范了"一生专注做一事"的人生目标！陆羽在《茶经》中说："为饮，最宜精行俭德之人。"精行，就是精益求精，下工夫用心做好每一件事。这不恰恰是《茶经》所倡导的茶人精神吗？

笔者从事高等学校《制茶学》教学、科研50年，长期带领学生到茶区实习和科学研究，对茶叶的生理生化特性及其在加工过程中的变化对品质的影响有切身的感受。怎样做好茶？可以说，从理论到实践都经历不少。茶这个东西，虽然有其个性，但它禀赋聪慧，你掌握了它的个性，按照它的内在变化规律去制定合理的工艺，做出来的茶，它一定会服从你的需要。因此掌握一定的制茶理论知识，是每一个事茶师傅的基本功。武夷山是一个仙山，特殊地理气候孕育出很多奇异的茶树品种。这是因为茶树异花授粉特性使其后代变异很大，许多优良品种就是在菜茶不断变异过程中产生的特异单株！今天我们大家欣赏的大红袍、肉桂、水仙等都是长期以来，武夷山茶农在大量变异单丛中精心选择的结果。但是有好品种，不一定能做出好茶。成茶品质与天时、环境、气候有很大的关系。因此，茶人要对天时地利有正确的把控。

毛泽东主席在《实践论》中说过一句话："感觉到了的东西，我们不能立刻理解它，只有理解了的东西才更深刻地感觉它。"这就是认识论和实践论的结合。制茶学，就是中国现代茶叶科学工作者在以陈椽教授为代表的历代制茶专家们深入茶区、深入实践、不断探索的成果。

武夷岩茶是中国乌龙茶之极品，品种特征明显、制造方法巧妙、品质优异。由于传统习惯把产地放在非常重要的位置，因此，所谓正岩、洲茶、外山茶就成为区分茶叶品质的习惯依据之一。但是根据我在武夷山五年多的观察。岩茶品质的差异主要在于茶树品种、茶园环境的变化和茶师对制茶工艺的把控。在武夷山核心茶区，茶园土壤由风化页岩和砾质砂岩所组成，而客土垒坎的习惯使茶园土层深厚疏松、有机质丰富、透水性很强。因此，对茶树的生长十分有利。每当谷雨前后，"三坑两涧"茶芽竞相萌发，一旗一枪在太阳光下油绿光润，闪闪发亮，煞是好看，呵！谷雨将至，茶农们大忙的五月即将到了，平时静寂的山村林道立即热闹起来！

武夷学院特聘教授的工作是忙碌的，但不时徜徉在溪谷山水之间，生活也是充满乐趣的。五年多武夷山点点滴滴的游学经历，使我感到茶叶科学普及至今仍十分迫切。青年一代茶农们渴望迅速提高制茶技术和理论水平！通过与叶家亮经常性的交流与沟通，总结其经验，我认为岩茶品质的提高必须从以下几个方面着手：

　　（1）掌握品种特性。首先要使广大茶农认识到武夷山茶树优良品种是很好的原料基础，但是，如果你没有去掌握每一个品种特征，则很难发挥其优势，如肉桂和水仙叶片结构完全不同，其芳香油在叶细胞内存在状态也不一样。因此必须分别采取不同的做青措施。

　　（2）深化"看茶做茶，看天做茶"认识。武夷山的茶农都有看天做茶传统习惯，但在春茶盛采前后，经常有较多的降水发生，一定程度上减少了做好茶机会，正如清释超全在《武夷茶歌》所唱："凡茶之候视天时，最喜天晴北风吹。苦遭阴雨风南来，色香顿减淡无味！"要根据天气条件制定不同做好茶的技术措施，实际上，现代科学加人工智能控制环境温度和湿度已经有了很多新手段。

　　（3）茶叶品质可以顶层设计。茶叶是嗜好性饮料，口味往往由消费者嗜好与习惯所决定！可以通过市场调查，了解人们的口味，我们就可以去设计出一定的品类和花色。过去漳厦地区很多人喜欢啜功夫茶，尤重高火香、重口味；现在岩茶普及至全国，许多人对高火味不能接受，那就要创新工艺，尽量生产焙火较轻的、花香幽雅、滋味甘活的产品。

在武夷山的五年多时间里，时逢"山头茶"也颇为盛行，如云南普洱茶，本来有很多好品牌，如"下关沱茶""大益普洱茶"等，过去都是通过多个茶区不同品系不同风格茶叶的拼配而形成优良传统风味。但是由于少数不法茶商制造噱头、人为炒作某些山头小品系如"冰岛茶""老班章茶"等，于是好的配料都拿去单独高价出售。而致普洱茶的整体品质下降，这是很可惜的。为了让武夷山茶叶品牌建设不致重蹈覆辙，我对炒作"牛肉""马肉"猛泼冷水，并建议茶名尽可能高雅、中性、形象。叶嘉岩茶厂即选用了我赠诗中的"溪谷留香"四字作为品牌注册，这一小主意，不经意间淡化了武夷山一度露头的山头茶炒作风气！

叶嘉岩茶厂六年来先后推出"叶嘉岩"和"溪谷留香"两大系列岩茶新品类。前者面向闽粤两地传统大众消费市场，而后者根据国内外一、二线城市中高端消费群体需求，又先后推出"念念不忘""不可思议""必有回想"及"悠久留长"等中高档系列产品，使"溪谷留香"品牌走向更广阔市场，并引领了国内外岩茶消费新潮流。最近，一个占地3 000余平方米、以传播武夷岩茶文化为主题的集文化交流、教育培训、观光旅游、休闲品茗于一体的"溪谷留香茶书院"在武夷山开工建设。应当说，茶，这一在中国流行数千年而经久不衰的健康饮品，正在中华民族伟大复兴征程中重新被世界认识，并将立于百饮之首。

值此大地复苏、春暖花开之季，得到广大读者厚爱的本书，因脱销而修订再版。借此，重借苏翁之言为本书补序，以志纪念。

刘勤亨

二零一九年四月
于山城

Contents

目录

第一篇

武夷茶史

叶嘉溯源

　　中国是茶的故乡，茶文化的起源地。早在两汉魏晋时，就有"武阳买茶""烹茶尽具"的记载。历史流动，巴蜀的茶传播全国，饮茶的习俗越来越普及，地位也越来越高，"芳茶冠六清，溢味播九区"。唐代，在长安与洛阳、荆渝等地，茶为"比屋之饮"。宋以后，中国茶积淀它的历史底蕴，发展以六大茶类为主体的众多茶品和丰富的茶事茶俗，并传播到世界各地，成为全人类的健康饮品。茶不仅是种饮料，更是文化的载体，被赋予了深厚的意蕴。

　　作为世界文化与自然遗产地的武夷山，碧水丹山，生态环境绝佳，茶树资源丰富，茶文化历史底蕴丰厚，是历代文人荟萃的地方，是世界乌龙茶、红茶的起源地，是近代茶学科学研究的重镇。如今，武夷茶的发展顺应国家战略，进入新的发展阶段。

第一节
溪边奇茗冠天下，
武夷仙人从古栽

）

武夷茶历史悠久，"溪边奇茗冠天下，武夷仙人从古栽"。碧水丹山中的"奇茗"是联结中央与地方的贡茶，是联结东方与西方的Bohea Tea，经历了制法的创制与革新，演绎出多样的品饮文化与艺术。本节追溯茶之源，分汉风唐韵、宋元辉煌、明清盛世，以及近现代的革新与腾飞等内容，以使读者系统了解武夷茶史之大端。

一、汉风唐韵

唐以前，关于武夷茶的历史记载不多。汉代的武夷山是闽地的政治、经济、文化中心，是闽越国的所在地。魏晋南北朝时，著名文人江淹游历武夷山，赞其"碧水丹山，珍木灵草"。至唐代，喝茶成为中国人普遍的生活习惯。陆羽《茶经》为喝茶建立了文化体系，也奠定了中华茶道的基础。封演《封氏闻见记》言唐代饮茶风尚普遍，已传播至塞外："古人亦饮茶耳，但不如今人溺之甚。穷日尽夜，殆成风俗。始自中地，流于塞外。往年回鹘入朝，大驱名马，市茶而归，亦足怪焉。"

（一）碧水丹山，珍木灵草

汉代的武夷山是闽地的政治、经济、文化中心。越国破灭后，勾践后裔无诸，就在武夷山之南的城村建立了闽越国。

据考证，闽越王城始建于公元前202年，系闽越王无诸受封于汉高祖刘邦后营建的一座王城。闽越立国后，大兴冶炼业，推广铁器具，发展生产，从而提高了社会生产力，促进闽越经济实力的迅速增长。在闽越国短暂的92年（公元前202—前110年）统治时期，闽越地区经济得以较快发展，国势日强，但后期与汉廷发生摩擦，导致汉廷派强兵攻打，闽越国最终走向灭亡。

闽越，是中国南方百越族群中的一支，主要聚居在今福建省境内，著名考古学家王学理研究员指出："闽越族，主要生活在福建武夷山至台湾海峡一带。先秦时期，他们利用福建水陆自然资源的地利，过着稻耕与鱼捞的经济生活，创造出独具地方风格的几何印陶文化，开始迈入了青铜时代门槛。"1982年8月至1985年12月在王城遗址的发掘工作中，出土有大量日用陶器，有鼎、釜、罐、瓮、提筒、盆、盘、三足盘、匏壶、钵、盒、盅、器盖等器物。虽无直接证据表明，这其中有用作饮茶之器。但是，北宋大文豪苏轼却在《叶嘉传》中歌咏武夷茶，描写到汉武帝纳贡和品饮武夷茶的情景。苏轼把武夷茶取名为叶嘉，好游名山，至武夷，悦之，于是在此安家。汉帝得知武夷有"风味恬淡，清白可爱"的好茶，即令建州太守搜寻，并将之纳为贡品。

闽越时期武夷山是否种茶，已不可考。到了南朝，著名文学家江淹记录了武夷茶。江淹是河南兰考人，字文通，出生于444年，卒于505年。江淹在闽北留下大量足迹，至今在浦城、政和等地都有为纪念他而命名为"笔架山"的山峰，江淹在担任吴兴县令时曾游武夷，并在他的《江文通集》序言中这样写武夷山："地在东南峤外，闽越之旧境也。爰有碧水丹山，珍木灵草，皆淹平生所至爱，不觉行路之远矣。山中无事，与道书为偶。乃悠然独往，或日夕忘归。放浪之际，颇著文章自

武夷山汉城遗址

娱。"文中的"灵草"指的就是茶，这应该是关于"武夷茶"最早的记载。

（二）晚甘侯，香蜡片

　　唐天宝七年（748年）唐玄宗派遣登仕郎颜行之到武夷山，诏封"名山大川"。唐中叶以后，武夷山被列为道教三十六洞天之"第十六升真元化洞天"。武夷山名声日盛，得到朝廷的重视，渐渐引来文人墨客、道家释子前来游历。这时武夷茶开始发展、传播。唐代陆羽《茶经》未详建州之茶，但也说"往往得之，其味极佳"。

　　孙樵《送茶与焦刑部书》以"晚甘侯"尊称武夷茶，书云："晚甘侯十五人遣侍斋阁。此徒皆请雷而摘，拜水而和。盖建阳丹山碧水之乡，月涧云龛之品，慎勿贱用之。"孙樵，字可之，关东人，唐宣宗大中年间举进士。他将武夷茶拟人化，意指滋味厚重、先苦后甘。

摩崖石刻"晚甘侯"

唐代文学家徐夤作《尚书惠蜡面茶》，是最早赞赏武夷茶的一首咏茶诗，诗曰：

武夷春暖月初圆，采摘新芽献地仙。

飞鹊印成香蜡片，啼猿溪走木兰船。

金槽和碾沉香末，冰碗轻涵翠缕烟。

分赠恩深知最异，晚铛宜煮北山泉。

诗中点出了武夷茶之名"香蜡片"，就是蜡面茶，上印有喜庆的飞鹊图案。这种饼状的茶，是唐代茶制形态的主流。陆羽《茶经》记述制作过程：采之，蒸之，捣之，拍之，焙之，穿之，封之。武夷茶香蜡片印有图案，更为精致。这茶经过炙烤、碾磨、罗筛，入铛以北山泉烹煮，"冰碗轻涵翠缕烟"。

二、宋元辉煌

北宋建立后，因袭唐五代以来的贡焙制度，在福建建安造办龙凤茶。饮茶活动在宋朝文臣间盛行不衰，影响也遍及各个社会阶层。同时，制茶技术进一步发展，两宋成为唐以后茶史上的又一个兴盛时期。

（一）龙团凤饼，名冠天下

宋代福建经济和文化繁荣，武夷山为朝廷所重，数次派员到此投放金龙玉简，委任官员主管冲佑观。崇安县所辖武夷山，建县前后均隶属唐时之建州、宋时之建宁府。因此，建茶包括建州属地、建溪两岸所产之茶，北苑茶和武夷茶是其代表。

五代北宋期间，气候产生巨大变化，明显由暖转寒，浙江湖州顾渚产的茶推迟萌发，无法在清明前如数上贡。同时，建安的茶内质优良，香甘醇厚。故舍弃了三吴地区的顾渚，而转移至武夷山区的建安北苑。据记载，宋时建安有官私焙一千多焙。

北宋经济繁荣，达官贵人"沐浴膏泽，咏歌升平之日久矣"，饮茶之风盛行。太平兴国二年（977年），设置龙焙，造龙凤茶，朝廷派遣重臣督造御茶，特别铸造龙凤圈模，"以别庶饮"。民间为迎合此风，不断提升建州茶的质量，北苑贡茶声名鹊起。此时，武夷山一带的茶叶品种与制茶工艺持续成长与改进，为当今武夷茶奠定基础。

翻开历史典籍，武夷山区建安一带茶树的品种，宋子安《东溪试茶录》记有七种茶名，分别是白叶茶、柑叶茶、早茶、细叶茶、稽茶、晚茶、丛茶，是根据茶叶的形状与特征以及发芽迟早命名。如柑叶茶，"树高丈余，径头七八寸，叶厚而圆，状类柑橘之叶。其芽发即肥乳，长二寸许，为食茶之上品"。又如早茶，"亦类柑叶，发常先春，民间采制为试焙者"。其中"芽发即肥乳"，为茶芽汁液丰富的意思。

唐宋皆为蒸青饼茶，而宋代制茶工艺在唐代的基础上进一步提升，是茶农智慧的结晶，介绍如下：

1.拣茶。"茶有小芽，有中芽，有紫芽，有白合，有乌蒂，此不可不辨。"宋人制茶认为水芽为上，小芽次之，中芽又次之。紫芽、白合、乌蒂，不取。若有所杂，就会"首面不匀，色浊而味重也"。

2.蒸茶。蒸茶之前，先洗涤茶芽，清洗四遍，使其洁净，再入甑中蒸。

3.榨茶。挤压茶叶，去水，去茶汁。《北苑别录》："茶既熟谓茶黄，须淋洗数过，方入小榨，以去其水，又入大榨，出其膏。先是包以布帛，束以竹皮，然后入大榨压之，至中夜取出揉匀，复如前入榨，谓之翻榨。彻晓奋击，必至于干净而后已。"榨茶有小榨、大榨与翻榨之序，最后达到"干净"的状态。

4.研茶。研茶器具是"以柯为杵，以瓦为盆"。建瓯北苑遗址出土的研茶钵，即其用具。研茶过程需要加水，根据茶的等级，规定加水的多少。北苑加水研茶，以每注水研茶至水干为一水，《北苑别录》中有"十二水""十六水"之说，研茶工艺繁杂、讲究。

5.造茶。所用的模具，唐代称规，铁制，有圆形、方形和花形样式；宋代有圈有模，有固定形状，饼茶面上饰以纹饰，"太平兴国初，特置龙凤模，遣使即北苑造团茶，以别庶饮"。圈有竹制、铜制与银制的，模多为银制。所造贡茶，有贡新銙、龙园胜雪、上林第一、玉华、瑞云翔龙、小龙、大龙、小凤等品色，大都饰以龙纹、凤纹，形状有方形、圆形、花形、六边形、玉圭形等。对比之下，宋代比唐代造型花样明显增多。

6.过黄。方法为"初入烈火焙之，次过沸汤爁之，凡如是者三，而后宿一火，至翌日，遂过烟焙焉"。且据团茶的厚薄，规定焙火的次数，《北苑别录》："銙之厚者，有十火至于十五火，銙之薄者，亦八火至于六火。"

经过这些繁复的工序，茶品绝佳。其间，经福建转运使丁谓、蔡襄、贾青、郑可简等人的造办，推陈出新，小团龙凤茶、密云龙、瑞云翔龙、贡新銙、白茶、龙园胜雪、御苑玉芽、万寿龙芽、上林第一、乙夜清供、龙凤英华、金钱、寸金、万春银叶、无疆寿龙、小龙、小凤、大龙、大凤等贡茶一一出焙，其味甘香重滑，入盏馨香四达，秋爽洒然。受到朝野的追捧，文人骚客竞相唱和。大文豪苏轼赞曰："建溪所产虽不同，一一天与君子性。森然可爱不可慢，骨清肉腻和且正。"黄庭坚说："北苑春风，方圭圆璧，万里名动京关。"陆游赞叹："建溪官茶天下绝。"

进贡之茶数量不多，珍贵而不易得。欧阳修《归田录》云："其品精绝，谓之小团。凡二十饼重一斤，其价直金二两。然金可有，而茶不可得。每因南郊致斋，中书、枢密院各赐一饼，四人分之。宫人往往缕金花其上，盖其贵重如此。"

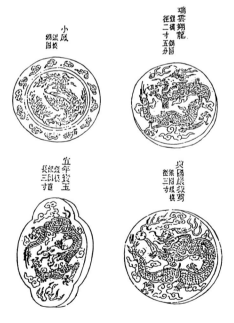

《宣和北苑贡茶录》书影

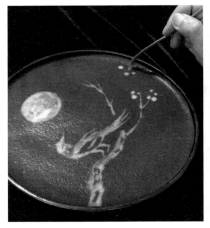

茶百戏　　　　　　　　　　　　宋代《斗茶图》

（二）建溪斗美，盏中百戏

宋时，有品鉴茶叶品质高低的斗茶和文人雅玩的分茶。时人重视茶汤之色白，唯有深色瓷碗可更好地映衬。蔡襄《茶录》："茶色白，宜黑盏。建安所造者绀黑，纹如兔毫。其坯微厚，熁之久热难冷，最为要用。"武夷山遇林亭窑址，是目前全国规模最大、保存最完整的宋代古龙窑遗址之一。这与武夷山悠久的种茶、斗茶历史紧密联系。两宋斗茶，从范仲淹《和章岷从事斗茶歌》窥得真切："北苑将期献天子，林下雄豪先斗美。鼎磨云外首山铜，瓶携江上中泠水。黄金碾畔绿尘飞，紫玉瓯心雪涛起。斗茶味兮轻醍醐，斗茶香兮薄兰芷。其间品第胡能欺，十目视而十手指。胜若登仙不可攀，输同降将无穷耻。"范仲淹的诗极尽描述斗茶紧张激烈的场面，也简洁勾勒了点茶的重要步骤：碾磨成粉，煮水候汤，瓯中点茶。而斗茶斗的是什么？盏上汤，面色鲜白、咬盏无水痕为绝佳。斗试以水痕先者为负，耐久者胜。这就需要点茶的技巧，这在《大观茶论》里，有生动的讲述。要

"势不欲猛，先须搅动茶膏，渐加击拂，手轻筅重，指绕腕旋，上下透彻"，茶汤"疏星皎月，灿然而生"。又"急注急止，茶面不动，击拂既力，色泽渐开，珠玑磊落"，又"筅欲转稍宽而勿速"，茶汤之"清真华彩，既已焕发，云雾渐生"。经过多次击拂，"乳雾汹涌，溢盏而起，周回凝而不动"，茶沫咬盏。这些只是目视，还有品饮，从色、香、味等方面综合评定。

在斗茶的基础上，发展出了分茶，亦称"茶百戏""汤戏""茶戏""水丹青"。它是浪漫的游艺，沸水注茶，以茶匙在茶汤上幻化各种图案，禽兽鱼虫花草，纤巧如画。但须臾间就散灭，"怪怪奇奇真善幻"。

（三）道南理窟，茶灶喻理

武夷山是理学荟萃之宝地。"道南"源于北宋理学奠基人程颢。当时，程颢在家乡河南颍川送别他的得意门徒杨时、游酢学成南归福建时说："吾道南矣！"意思是"我的理学造诣和成果从此可以向南方传播了！"杨时、游酢后来在武夷山讲学著述，终老于此。特别是朱熹在武夷山著书讲学，长达50余年，对武夷茶情有独钟，留下《茶坂》《茶灶》《春谷》等诗文。

淳熙十年（1183年），朱熹于武夷山隐屏峰下建武夷精舍，开始著书立说，收徒讲学。他亲自种茶，"武夷高处是蓬莱，采取灵根手自栽"。他又在建阳卢峰的云谷，建造竹林精舍，即晦庵，种植茶树，"携籯北岭西，采撷供茗饮。一啜夜窗寒，跏趺谢衾枕"。最为著名的是他的《茶灶》诗："仙翁遗石灶，宛在水中央。饮罢方舟去，茶烟袅细香。"这首诗是他在茶灶石上开设茶会，以茶表敬意，以茶会友，烹茶品茗，斗茶吟诗的生活写照。辛弃疾、袁枢、韩元吉、杨万里先后作诗唱和。至今，茶灶仍屹立在九曲山水之中。

朱熹一生嗜茶，常以理学入茶道。他对建茶和江茶做过比较：建茶如"中庸之为德"，江茶如伯夷叔齐。又曰："《南轩集》云：'草茶如草泽高人，蜡茶如台

茶灶石

阁胜士。'似他之说，则俗了建茶，却不如适间之说两全也。"他认为品饮武夷茶，可以体悟中庸之德，以茶雅志、行道，作君子仁人。此说与苏轼的《和钱安道寄惠建茶》的"建溪所产虽不同，一一天与君子性。森然可爱不可慢，骨清肉腻和且正"，有异曲同工之妙。

《朱子语类·杂说》："物之甘者，吃过必酸；苦者，吃过却甘。茶本苦物，吃过却甘。问：'此理何如？'曰：'也是一个道理，如始于忧勤，终于逸乐，理而后和。盖礼本天下之至严，行之各得其分，则至和。'"朱熹认为茶与理学互通，指出了茶先苦后甘的特征，延伸到求学之道，应勤于学习，乐于探索，先苦后甜，才能达到"理而后和"的境界。茶是苦和甜的统一体，体现了中和之理，融合了儒家理学文化的精髓。

（四）御茶园中，喊茶发芽！

元至元十六年（1279年），高兴任福建路招讨使行右副都元帅，监制"石乳"数斤献给元世祖忽必烈，备受赏识。至元十九年，崇安县承办贡茶，高兴亲自监

御茶园

制。大德五年（1301年），高兴之子高久住任福建行省邵武路总管，奉命到崇安监制贡茶。大德六年，指派崇安县邑人孙瑀在九曲溪兴建皇家御茶园，专门制作贡茶，所制之茶，其色香不减北苑。

御茶园，在九曲溪之四曲溪畔的平畈处，布局恢宏。园的正面有仁风门，迎面是拜发殿（亦名第一春殿），旁有精舍三十余间。时园中住有场工250户，采制贡茶360斤①，制龙凤茶5 000饼入贡。

御茶园制茶之水取自山泉，引泉入井，名"通仙井"，井上覆以龙亭。具有浓厚民俗色彩的"喊山"仪式就兴于当时的武夷山。喊山仪式来源于民间的祭祀风俗，元至顺三年（1332年），建宁总管暗都剌于通仙井畔筑台，高五尺，方一丈六尺，名曰喊山台。其上为喊泉亭，因称井为呼来泉。祭毕，隶卒鸣金击鼓同声喊："茶发芽！茶发芽！"而井水渐满，故名。宋代欧阳修有描写喊山的诗，云："年穷腊尽春欲动，蛰雷未起驱龙蛇。夜间击鼓满山谷，千人助叫声喊呀。"场面极为壮观。

---

① 元代，1斤约相当于今596克。——编者注

喊山

　　"喊山"可以追溯到1 000多年前的宋代，甚至更远的五代时期的南唐。在建安北苑御茶园，每当谷雨时节采制御茶时，地方官员都特别重视，亲自参加并主持北苑的喊山仪式，以隆重庆祝皇家茶叶的采摘。元代诗人刘仁本在《建宁北苑喊山造茶是日大雷雨高奉御至》中有诗为证："建溪三十里，北苑擅茶名。地耸岩峦秀，川洄泷濑萦。溪山元蕴瑞，草木亦敷荣。远土修职贡，官曹任榷征。君恩濡泽降，天助振雷轰。鼓噪千军勇，喧啸万蛰惊。仙灵烦酒礼，使者引旗旌。白玉堂前客，红云岛内行。灵根连夜发，凡草感春生。渐觉龙芽吐，先期凤嘴萌。……"开山仪式，用敲锣打鼓去传令"茶发芽"，实质是用封建官僚的权力，施之于草木："天子须尝阳羡茶，百草不敢先开花。"好在惊蛰前后，茶树已到了发芽的时令，否则造再大声势也无济于事。总之，"喊山"，是武夷山茶史上的一大民俗活动。

三、明清盛世

南宋灭亡以后，经过元代近百年的缓慢发展，又迎来了明代这一中国茶叶史上的重要历史时期。《明实录·太祖实录》卷二一二："上以重劳民力，罢造龙团，惟采茶芽以进。其品有四，曰探春、先春、次春、紫笋。"明代社会饮茶风气也随之改变。同时，明代商品经济发达，文士的推崇以及茶叶炒青技术的进步，推动了茶叶的兴盛。

（一）制法革新，无与伦比

明代废团茶改散茶，建安北苑贡茶式微，四曲御茶园亦废。徐㶿考察武夷山，云："山中土气宜茶，环九曲之内，不下数百家，皆以种茶为业，岁所产数十万斤。水浮陆转，鬻之四方，而武夷之名甲于海内矣。宋元制造团饼，稍失真味。今则灵芽仙萼，香色尤清，为闽中第一。"散茶的制法提升了武夷茶的品质，《闽书》中也说："宋时建州之茶名天下，以建安北苑为第一，而今武夷贵矣。"同时，武夷茶渐渐进入了文人学者的视野，为其所称道，如明代黄一正辑注《事物绀珠》中列"今茶名"，有"武夷茶"一目。在徐渭《刻徐文长先生秘集》中，"武夷"与"罗岕""天池""松萝""顾渚""龙井"等同列为名茶。顾起元《客座赘语》言及茶品，说道：

> 士大夫有陆羽之好者，不烦种艺，坐享清供，诚为快事。稍纪其目，如吴门之虎丘、天池，岕之庙后、明月峡，宜兴之青叶、雀舌、蜂翅，越之龙井、顾渚、日铸、天台，六安之先春，松萝之上方、秋露白，闽之武夷，宝庆之贡茶，岁不乏至，能兼而有之，亦何减孙承祐之小有四海哉。

明清时期是武夷茶制法变革的时期，时人摸索茶叶制法的新出路，特别是松萝法的引进。吴栻臣《闽游偶记》："武夷、邝嵩、紫帽、龙山皆产茶，僧绌于焙。既采，则先蒸而后焙，故色多紫赤。曾有以松萝法制之者，试之，亦色香具足。但经旬月，则紫赤如故，盖制茶者，仍系土著僧人耳。近有人招黄山僧，用松萝法制之，则与松萝无异，香味似反胜之，时有武夷松萝之称。"吴栻臣对黄山僧在武夷炒制的茶叶评价极高，有反胜"松萝"之势。

武夷茶的制法在炒焙结合的基础上，进一步演进，较为完整记录岩茶制作工艺雏形的是王复礼《茶说》，云：

> 武夷茶，自谷雨采至立夏，谓之"头春"；约隔二旬复采，谓之"二春"；又隔又采，谓之"三春"。头春叶粗、味浓，二春、三春叶渐细，味渐薄，且带苦矣。夏末秋初又采一次，名为"秋露"，香更浓，味亦佳，但为来年计，惜之不能多采耳。茶采后以竹筐匀铺，架于风日中，名曰"晒青"。俟其青色渐收，然后再加炒焙。阳羡岕片只蒸不炒，火焙以成。松萝、龙井皆炒而不焙，故其色纯。独武夷炒焙兼施，烹出之时半青半红，青者乃炒色，红者乃焙色。茶采而摊，摊而摝，香气发越即炒，过时、不及皆不可。既炒既焙，复拣去其中老叶枝蒂，使之一色。释超全诗云："如梅斯馥兰斯馨，心闲手敏工夫细。"形容殆尽矣。

摝，摇动之意，即摇青工艺，叶内物质水解和缓慢的有控制的酶性氧化，即发酵，有利于香气滋味的发展，最后散发浓烈的花香。摇青适当程度后，即炒青。炒青能抑制酶的活性，停止酶促氧化作用。通过热化学作用，促进部分多酚类化合物受热加速自动氧化，散发青气，发展高沸点新的茶香。

工艺的变革，使得武夷茶的品质特征焕发新的面貌。清人张泓《滇南忆旧录》记载武夷茶之妙，"可烹至六七次，一次则有一次之香，或兰，或桂，或茉莉，或菊香。种种不同，真天下第一灵芽也。"指出了武夷茶具有浓郁的花香，且富有变化。爱新觉罗·弘历《冬夜煎茶》诗曰："就中武夷品最佳，气味清和兼骨鲠。……清香至味本天然，咀嚼回甘趣逾永。"指出了武夷茶清香有回甘的特点。梁章钜总结武夷茶品有四等，从低至高，分别是香、清、甘、活，特别说到"活"，"须从舌本辨之，微乎微矣。"这样的品鉴标准，至今还是武夷岩茶佳品的评判圭臬。

起源于明末清初的武夷岩茶制作技艺，逐渐形成了以采摘、倒青、做青、炒青、揉捻、复炒、复揉、走水焙、扬簸、拣剔、复焙、归堆、筛分、拼配等工艺程序。其技艺之高超，劳动强度与耗时量之大，制约因素之多，为其他制茶工艺少有。茶学家陈椽教授说："武夷岩茶的创制技术独一无二，为全世界最先进的技术，无与伦比，值得中国人民雄视世界。"2006年，武夷岩茶制作技艺被列入首批国家级非物质文化遗产名录。

（二）万里茶路，下梅起征

下梅村，位于武夷山市区东部，梅溪的下游，因此而得名。目前，村内保存完整的古民居，古色古香，极具明清风格。古街、古井、古码头、古集市和古风淳朴的民情风俗，构成了典型的南方水乡风格。村落生态环境好，具有独特的风水意象。清康熙乾隆年间，下梅村曾是武夷山的茶市，盛极一时，是晋商贩茶的起点。

清雍正五年（1727年）中俄《恰克图界约》的签订，确定恰克图、尼布楚等地为两国边境通商口岸。俄国在色楞格斯克附近建立恰克图城，雍正八年，清政府批准中国人在恰克图的中方边境建立买卖城，中俄双方在此开展茶叶等商品贸易。武夷茶由下梅、赤石启程，经分水关，抵江西铅山河口，入鄱阳湖，溯长江到达汉

武夷山下梅

口。后穿越河南、山西、河北、内蒙古，从伊林（今二连浩特）进入蒙古国境内。穿越沙漠戈壁，经库伦（今乌兰巴托）到达中俄边境的通商口岸恰克图。从恰克图在俄罗斯境内延伸，并延展到中亚和欧洲其他国家。这就是联结中俄的"万里茶路"。《清稗类钞》记载：在这条路上，有车帮、马帮、驼帮。夏秋两季运输以马和牛车为主，每匹马可驮80千克，牛车载250千克。由张家口至库伦马队需40天以上，牛车需行60天。冬春两季由骆驼运输，每峰可驮200千克，一般行35天可达库伦，然后渡依鲁河抵达恰克图。

乾隆二十年（1755年）后，恰克图贸易日渐兴盛，俄国嗜好中国茶的人日益增多，饮茶之风盛行。19世纪40年代起，茶叶贸易已居恰克图输俄贸易商品中的首位，每年3 000余吨。起先由晋商输往俄国的茶叶有福建武夷茶、安徽茶和湖南茶，后来以红茶、砖茶、帽盒茶三者为多，主要来自湘鄂安化、咸宁等地。第二次鸦片战争后，俄国迫使清政府签订了《天津条约》《北京条约》等不平等条约，打开了蒙古地区的通道，并取得了沿海7个城市的通商权。同治五年（1866年），俄国商人开始在中国的湘鄂地区开设茶厂，直接收购、加工和贩运茶叶。这些导致万里茶路茶叶贸易的衰落。

15世纪初俄国人就知道茶。1640年，俄国沙皇派使瓦西里·斯达尔科夫出使盘踞外蒙古（今蒙古人民共和国）的阿尔登汗，回国时可汗回赠礼物中包括茶叶，经过沙皇御医的鉴定，茶可以治疗伤风和头痛，于是从沙皇到贵族都把茶叶当做治病的药物，从此茶便进入俄罗斯贵族家庭。1679年，中俄签订向俄罗斯供应茶叶的协议，但在17—18世纪的俄罗斯，茶还是典型的"城市奢侈品"，其饮用者局限于上层社会的贵族。18世纪末，茶叶市场从莫斯科扩大到外省地区，19世纪初饮茶之风在俄国各阶层开始盛行。

（三）星村赤石，茶行林立

康熙十九年(1680年)，江西茶商、山西茶帮，经过数度与俄商货物交换接触，获得厚利，便沿信江抵武夷山下的河口镇(铅山县城)，过分水关，来到闽北茶叶集散地——下梅、赤石，设栈收购，建厂制茶。当时星村、赤石茶行林立，生意兴隆，分别被誉为小苏州和小上海。民国《崇安县新志·物产篇》载："清初茶市本在下梅，道光咸丰年间，下梅废而赤石兴。盛时每日竹筏三百张，转运不绝。红茶、青茶向由山西茶客到县来采办，运往关外销售。一水可通，运费节省，故武夷之利，较从前不啻倍蓰。"到了民国时期，赤石还有数十家大小各茶号，依籍贯可为如下各帮：如粤人在赤石营制有广帮，如宁泰、生泰、金泰、谦记、怡兰等茶号；潮州人则有潮帮，如

清代茶叶贸易图章

武夷山星村镇码头

协盛、美盛、名记等茶号；漳厦各县则有下府帮，如奇苑、集泉等茶号；莆仙人则有兴化帮；崇安本县则有本地帮，如余隆兴、王松春等。

星村位于武夷山九曲溪畔，有"茶不到星村不香"的美誉。梁章钜《归田琐记》："武夷九曲之末为星村，鬻茶者骈集交易于此。多有贩他处所产，学其焙法，以赝充者，即武夷山下人亦不能辨也。"当地茶叶种植历史悠久。星村镇朝阳村有一块清代道光元年的罚戏碑，上书"奉县主顾示，严禁茶子递年白露日采摘"，"不许夤夜点火上山，白露前不得买茶子"，"入禁及不得山场私摘偷埋，如禁者罚戏"等字迹，是科学管理茶园的记载。

明末清初，星村成为小种红茶的产制中心，故小种红茶也称为"星村小种"。而桐木关一带的红茶因品质优异而称为"正山小种"。清末民初，这里的精茶制作手工工场达48家。其中规模最大的一家称为"炳记"，拥有工人700名，年产量为1 500箱，每箱为30斤①装。

星村也是外山茶、江西乌的集散地。如光泽的干坑茶，就送到65公里之外的星村茶行再加工，相比之下，茶行老板仅将毛茶齿切、过筛、拼配等简单精加工后，

---

① 斤为非法定计量单位，1斤＝0.5千克。下同。——编者注

武夷山星村清代罚戏碑

用麻雀船运往福州转口外销，却能获利数倍，生财万贯。以至于后来茶商为了争夺精加工原料，追求利润，往往事先雇工将银元送到茶农手中。相传，星村茶市盛时，星村街上的银元叩击声连绵不断。当时，星村茶市流行的货币是银元，茶商与茶农为检验银元的真伪，将银元在街路的鹅卵石上叩击，听声音辨真假。

不过，随着市场对武夷茶需求量的加大，为获取利益，出现了"伪茶""劣茶"的情况。清人刘埥《片刻余闲集》："外有本省邵武、江西广信等处所产之茶，黑色红汤，土名江西乌，皆私售于星村各行。而行商则以之入紫毫、芽茶内售之，取其价廉而质重也。本地茶户见则夺取而讼之于官。芽茶多属真伪相参。"江西乌为当时外山次等茶品。

赤石是崇阳溪上重要的码头，因其优越的地理位置，成为武夷茶运销的集散中心。19世纪40年代，《南京条约》签订后，五口通商，北上的"万里茶路"为海上茶叶之路代替。赤石因临崇阳溪，倚得天独厚的地理优势，成为崇安地区的茶市中心。为了控制茶市，最大限度地抢占武夷茶叶市场，福州各洋行雇佣买办深入茶区，收购茶叶。其基本组织是茶贩与内地茶庄，其基本贸易模式为内地茶庄通过茶贩向茶农收购茶叶。或就地焙制加工，包装后运回福州；或直接运回福州，再加工包装。所收购的武夷茶，从赤石码头启运，沿着崇阳溪，直达闽江口。《崇安县文史资料》记载：清末，赤石茶市老店还留六十余家，其中出名的老字号有集泉、奇苑、泉苑、芳茂、元美、泰丰、文圃、泉顺等茶庄。在赤石茶市古街上，现在还保留着清末茶商的"合庄顺遂""开秤大吉"等字迹，反映了赤石茶市昔日的繁荣景象。

桐木关茶园

（四）Bohea tea，风靡欧洲

　　小种红茶起源于武夷山北星村镇桐木关，1 450米高山茶区森林密布，年均温16.5℃，相对湿度85%以上。常年雨日200天以上，降水量超2 000毫米。明末清初，当地茶农创新制茶工艺：用"渥红"代替做青，用"过红锅"取代杀青，用青楼"松焙"代替烘干。这样的工艺使干茶色泽乌润、汤色红亮、滋味醇厚，并有桂圆干甜香和松烟香，出口欧洲深受欢迎。最早称为Bohea tea，即武夷茶的闽南话转音。

　　关于小种红茶的创制，还有一个流传甚广的传说：约在明末年间，时值采茶季节，一支北方军队路过星村镇桐木村，见天色已晚，便在一座茶行休息，睡在茶青上。当时的茶行老板与工人都逃到附近山中躲藏。等军队离开后，茶青发红，老板心急如焚，将茶叶搓揉后，用当地的马尾松柴块烘干，烘干的茶叶乌黑油润，并有一股松烟香。当地人习惯喝青茶，不愿喝这种做坏的茶，老板只好将茶叶挑到星村茶市贱卖。没想到荷兰商人收购去了后，对这种带有烟熏味的茶叶特别喜欢，还愿意出更高的价钱订购这种茶。从此，当地人就生产这种红茶专供外销。

英式下午茶

这种"偶然"和"意外"生产的茶深受欧洲人喜欢。在欧洲茶风的弘扬中,首先必须提到是1662年嫁给英王查理二世的葡萄牙公主凯瑟琳,人称"饮茶皇后"。随着饮茶风俗在葡萄牙的流传,凯瑟琳早已染上饮茶之习惯。她虽不是英国第一个饮茶的人,却是带动英国宫廷和贵族饮茶风气的先行者。她陪嫁大量中国茶和中国茶具,很快在伦敦社交圈内形成话题并深获喜爱。在这样一位雍容高贵的王妃以身示范下,饮茶在英伦三岛迅速成为风尚。为此,英国诗人埃德蒙·沃尔特在凯瑟琳公主结婚一周年之际,特地写了一首有关茶的赞美诗:"花神宠秋月,嫦娥矜月桂。月桂与秋色,难与茶比美。"为了讨好这位饮茶皇后,以取得东方贸易的垄断权,1664年,东印度公司从荷兰人手中购得2磅2盎司优质茶,其中2磅茶就献给了凯瑟琳公主,深得她的好感。后来,东印度公司再次将22磅12盎司的茶叶献给她,获得了公司对东方贸易的垄断权。可以说,英国饮茶之风的发展得益于葡萄牙的推动。

从16世纪英国人认识茶开始,因其畜牧业发达和以肉乳为主的饮食结构,十分钟情中国茶（Chinese Tea）而非独厚红茶。至今他们仍喜欢小种红茶、茉莉花茶、乌龙茶、祁门红茶、普洱茶等。1658年9月30日，英国《政治和商业家》报刊出一家咖啡店为中国茶叶所做的广告，广告词是："一种质量上等的被所有医生认可的中国饮品；中国称之为茶，其他国家称之为Tay或Tee。"

1665—1667年，为争夺海上霸权，第二次英荷之战爆发，英国再度获胜，取得贸易上的优势，摆脱了荷兰人垄断的茶叶贸易权。1669年，英国政府规定茶叶由英国东印度公司专营，从此，英国东印度公司由厦门收购的武夷茶Bohea Tea取代绿茶成为欧洲饮茶的主要茶类。18世纪，茶在欧洲流行，需求甚旺，东印度公司想尽可能地进口大量茶叶。但中国不需要欧洲什么，公司不得不以白银交换，出现了巨大赤字。后来，东印度公司把鸦片输往中国，致百万人成瘾，以减少赤字，引发中国的危机。中国政府采取行动，没收和烧毁数目巨大的鸦片，导致英国贸易备受威胁，于是便在广东沿海城镇发动了战争。1840—1842年的鸦片战争，使得中国遭到惨重的失败，被迫开放上海、宁波、福州、厦门和广州五个港口，割让香港给英国。

自从厦门出口茶叶后，依闽南语音称茶为"Tea"，又因为武夷茶茶色黑褐所以称为"Black Tea"。此后英国人关于茶的名词不少是以闽南话发音，如早期将最好的红茶称为"Bohea Tea"（武夷茶）。更值得一提的是，据统计与考究，西文中，唯有茶字，发音从汉字转，凡是茶的发音接近te的，这个国家最早接受的茶是从海路运去的，即闽南方言对茶的发音；凡是发音接近chá的，这个国家最早接受的茶是陆路运去的茶，即官话方言对茶的发音。在语言中，"茶"这个字已嵌入西方世界。

总之，在英国，下午茶逐渐成为人们的固定生活内容，每日必饮。大凡咖啡馆、餐厅、旅馆、剧院、俱乐部等公共场所，都有下午茶供应。一些机关、公司、企业都设有饮茶室，备有电茶壶、茶叶、牛奶等物，以供职工在饮茶时使用。有的没有饮茶室的单位，就雇请专门的烧茶工，把茶泡好送到职工手中。下午茶的时间是固定的，每到那个时间，人们都会放下手中的工作而去饮茶。在英国，管道工或其他修理工上门干活，到了下午茶时间，主人就得请喝茶，不然，他们就会放下手中的工作，到外面茶馆去喝完茶后再回来工作。

（五）茶叶大盗，武夷"探秘"

为了摆脱中国茶的垄断，东印度公司派遣商业间谍潜入中国，掌握了茶的种植与红绿茶加工技术，并从中国偷运茶种与茶苗，聘用技术工人和技师，终于在印度大吉岭植茶成功。这里必须提到的就是英国皇家植物园温室部负责人，被世人讽为"在中国人鼻子底下窃取茶叶机密，收获巨大"的冒险家罗伯特·福琼（Robert Fortune，1812—1880），他受东印度公司的派遣，于1848年6月20日前往香港。

但这时他还不知道自己使命究竟是什么。英国作家佩雷尔施泰因从保存在英国图书馆的东印度公司资料中发现了一份命令。命令是英国驻印度总督达尔豪西侯爵1848年7月3日发给福琼的。命令说："你必须从中国盛产茶叶的地区挑选出最好的茶树和茶树种子，然后由你负责将茶树和茶树种子从中国送到加尔各答，再运到喜马拉雅山。你还必须尽一切努力招聘一些有经验的种茶人和茶叶加工者，否则我们将无法进行在喜马拉雅山的茶叶生产。"当时英国付给福琼的报酬是每年550英镑。

1848年9月，福琼抵达上海。当时中国人对欧洲人很敌视。福琼混入当地民众中，因为福琼

罗伯特·福琼手绘《九曲溪鸟瞰图》

身高1.8米，具有英国人的肤色。他弄了一套中国人穿的衣服，按照中国人的方式理了发，加上了一条长辫子打扮得认不出他是欧洲人；然后奔赴盛产绿茶的黄山和出口红茶而享誉欧洲的武夷山。在那里，他弄清了红茶与绿茶不是品种差异而是制茶工艺不同所致；他还从茶区搞到1 000多斤茶种，并物色了十余位熟练制茶技工。他将在中国的经历写成《华北诸省漫游三年记》《中国茶乡之行》《两访中国茶乡和喜马拉雅山麓的英国茶园》《居住在华人之间》等游记。在《两访中国茶乡》中，他这样描述舟山考察之行："岛内广泛栽种绿茶茶树，我来这儿的目的就是希望采集到一些茶树种子。因为这个原因，我把两个仆人都带在身边，一路上查看各个茶园。……我们从山坡上的茶园里采集到了很多茶树种子。……每天我们都这样工作，直到我们把几乎所有的茶园都拜访了一遍，采集到一大批茶树种子。"到武夷山考察时，他又写道："我参观了很多茶田，成功地采集到了大约400株幼苗。这些幼苗后来完好地运到了上海，现在大多数都在喜马拉雅的帝国茶园里苗壮成长呢。"

从他的视野中，还可以了解到当时武夷茶的生产与贸易情况。日记中，描述崇安县城有很多茶行，红茶都在这些茶行里分类、包装，然后销往外国市场。全中国各地从事茶叶销售和出口生意的商人都来到这儿，购买茶叶并为运输做些必要的安排。特别是广东人，来得很多，他们在广州和上海两地与外国人的生意做得很大。

罗伯特·福琼先后四次来到中国，盗走茶苗、茶种及制茶技术，直接催生了印度及斯里兰卡的茶产业。

四、现代茶学，应运而生

（一）茶学科教，救国为民

民国时期，武夷山是全国茶学科研重镇，一大批茶学家工作于此。1938年10

福建示范茶厂制茶场景

月，由于日寇侵略，战事愈演愈烈，海口被敌人封锁，张天福奉令将在宁德福安的福建省农业改进处茶叶改良场主要人员随带图书、仪器、档案等，迁移至崇安赤石。从此，近代中国的茶叶科研工作根植于崇安。

1939年11月，由福建省贸易公司和中国茶叶公司福建办事处联合投资，在崇安创办"福建示范茶厂"。作为厂长的张天福，负责筹建工作。选择当时崇安第一区金盘亭至公馆间一片土地为厂址，以建筑厂屋与开辟茶园，其厂屋则建于赤石实验乡。福建示范茶厂的设立，其目的与其他公营茶厂稍有不同，有实验制茶、研究等计划。按计划，有茶树栽培试验、茶树病虫害研究、茶叶化学之分析与研究、测候之设置等。还有培植茶业技术干部人才，出版研究报告、示范厂月报，组织福建省茶叶调查等工作。

福建示范茶厂聚集了一批优秀的茶叶专家，如庄晚芳、吴振铎、林馥泉、陈椽等。当时，著名茶学家林馥泉任示范茶厂下属的武夷所主任，从事武夷茶研究，著《武夷茶叶之生产制造及运销》。此书作为农业经济研究专刊，于1943年6月由福建省农林处农业经济研究室编印出版。全书分概况、茶史茶名及产量、生产经营、岩茶之栽培、岩茶之采制、制茶成本、岩茶审评、岩茶销售情况等内容，是研究武夷茶集大成之作，为后人研究提供了大量的资料。他在书末说："现全山茶园荒

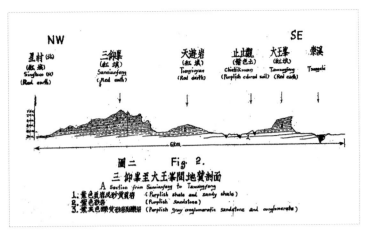

三仰峰至大王峰间地质剖面（王泽农 制）

芜，茶厂坍塌，满目皆是。是故此优越之天产，茶之上品将一蹶不振，或有湮没之一日，如何图此天产之复兴，实为闽省主政者日夕不忘之要事，前有省茶业改良场之设立，后有规模宏大国省合营之示范茶厂，今之全国茶叶研究所，地点均设于武夷从事改良，负起复兴武夷茶业之重大使命。”

1942年，福建省示范茶厂改为中央财政部贸易委员会茶叶研究所，著名茶学家吴觉农任所长，所址设在赤石。研究所汇集了一大批专家学者，副所长为浙江大学教授蒋芸生，其他专家有叶元鼎、叶作舟、汤成、王泽农、朱刚夫、陈为桢、向耿酉、钱梁、刘河洲、庄任、许裕圻、陈舜年、俞庸器、尹在继等。

1942—1945年，“研究所立足武夷山，面向浙、闽、皖、赣四省，工作地区达11个茶区、20多个县的147个乡镇。武夷山的10余个乡镇也在实施的茶树更新的范围之内。”其日常工作分为栽培、制造、化验、推广四组进行。如化验工作以王泽农为主，重点作了武夷岩茶土壤的调查分析，发表了《武夷茶岩土壤》，分调查经过、土壤环境、土壤形态、土壤特性、土壤管理等内容，还绘制了《武夷茶岩土壤详图》《三仰峰至大王峰间地质剖面》等，是一份内容翔实的调查报告。

此外，研究所编印茶叶专业杂志《武夷通讯》《茶叶研究》等刊物。其中，《茶叶研究》刊行三卷，共24期，发表了高质量的研究论文与报告。与武夷茶相关的有吴觉农《整理武夷茶区》，王泽农《武夷茶岩土壤》，俞震豫、毛金生、唐耀先、陈德霖《福建崇安水吉邵武茶区之土壤》，尹在继《武夷山茶树病虫害调查》等，是研究所调查、科研成果的体现。

《茶叶研究》期刊

1942年，随着示范茶厂改办为茶叶研究所，崇安县立初级茶业职业学校停办。1945年，政府一纸政令，茶叶研究所工作结束，并于次年，由南京国民政府农林部中央农业实验所茶叶试验场接管。至此，在赤石的企山、实验乡等地方的茶叶教育与研究基地成为历史。

1945年抗日战争胜利后，研究所工作结束，于次年改为农林部中央农业实验所茶叶试验场。1949年5月9日，崇安县解放。11月，农林部中央农业实验所茶叶试验场由省人民政府接管,改名为福建省人民政府农业厅崇安茶厂。

民国时期，茶叶仍由民间经营，福建省设置茶叶管理局，管辖茶政。武夷山为全省最重要的茶区，由福建省茶叶管理局派专员督察工作。1930年5月至1935年1月，茶叶生产、制造和贸易由县苏维埃政府国民经济部主管。区、乡也大都设有经济委员会，负责包括制茶在内的工业和土特产品贸易事业。1933年10月，崇安县苏维埃政府国民经济委员会传达发布的闽北苏维埃政府国民经济委员会第二号通令，强调苏区纸、茶生产对缓和苏区经济紧张、增加产量出口(指输到苏区境外)的意义和作用，并就发展纸、茶生产等工作当作重要任务作了具体指示，沟通苏区茶、纸、竹木、香菇等土特产与非苏区的食盐、西药、棉布等苏区紧缺品的物资交流。

（二）外茶冲击，一落千丈

据《武夷山市志》统计，1914年武夷岩茶产量最高，达22.5万千克，但正山小种生产却因受第一次世界大战爆发的影响，出口滞销，产量锐减至数万斤。1916年，正山小种产量再次锐减至2.5万千克，仅是光绪年间的六分之一。1924年，因战事频繁，茶叶生产受到极大影响，产量锐减了一半多，仅10万千克。1930年，又因福建省境爆发刘卢战争(省府官员刘和鼎与卢兴邦土著军阀之间的战争)，茶叶再度滞销，年产量降到1万千克以下。1934年，又因国民党军队"围剿"，封锁崇安苏区，茶叶年产量只有1.75万千克。随后，茶叶生产陷入低谷，特别是传统出口英国的著名红茶——桐木正山小种红茶更是一落千丈。此外，还有本身品质的问题，茶商因贪图眼前渔利，均以低价收买江西低山及崇安北路一带品质甚劣的"外路茶"，掺入桐木关所产高山茶，用以冒称烟小种。因此，星村小种既失之于茶农初制时之粗摘，复失之于茶商精制时之混珠，品质日劣，加之交通不便，在国际市场中衰落。

太平洋战争爆发的1941年，正山小种红茶年产量锐减到0.15万千克。1944年，福州被日军占领，海运不通，正山小种红茶年产量再次锐减到0.05万千克。抗日战争胜利后，产量有所回升，1947年，该茶年产量为1.25万千克。但不久因金圆券贬值，全县茶叶生产又陷入窘境。至中华人民共和国成立前夕，1948年，全县茶叶年产量仅0.65万千克，其中正山小种红茶为0.15万千克。针对民国时期崇安县政府漠视和摧残武夷茶生产的情况，爱国华侨陈嘉庚十分愤懑。他于1940年率领南侨筹赈祖国慰问团回国视察武夷山时，看到茶园杂草丛生、荆棘遍地，十分痛心地批评道："武夷山自出产名茶以来，已数百年以上，历代政府只知抽税权利，对研究培养与制造完全置之不闻不问，任由农夫及商家沿用旧法，不再进步。光复后虽有人提议改善，然在污劣官吏统治之下，亦仅托空言耳。"

五、人民当家，茶业复兴

（一）机构改制，百业待兴

1950年2月，福建省人民政府农业厅崇安茶厂改称中国茶叶公司福建省分公司崇安实验茶场。同年，中国茶叶公司福建分公司于建瓯县创办茶厂。为了便于征收武夷岩茶，该厂派员赴崇安县赤石街设茶叶采购站，收购后包装运往建瓯茶厂加工出口。1952年，崇安县政府为了扩大武夷岩茶的出口量，成立茶叶技术指导站，主要从事选育、繁育、推广、栽培和管理优良茶树品种，以及进行初制、精制茶叶等指导工作，促使茶园由解放初期的8 700亩[①]增加到11 000亩。

1955年，中国茶叶公司福建省分公司崇安实验茶场改为福建省农业厅崇安茶场。次年，中国茶叶公司福建分公司建瓯茶厂派驻崇安的赤石茶叶采购站划归崇安县管理，改称崇安县赤石农副产品采购站，以收购茶叶为主。1959年10月，成立崇安县茶叶局。武夷、星村、五夫、城村、吴屯、岚谷6个公社分设茶叶收购站。茶叶局属行政职能部门。公社茶叶收购站则帮助茶区社队发展茶叶生产，为社队培训茶叶技术骨干，并负责收购、调运各茶区的毛茶。

1962年，设在县境的福建省农业厅崇安茶场改称福建省农垦厅崇安茶场，仍为省属场。1966年该场改为县属茶场，称为崇安县崇安茶场。"文化大革命"期间，1968年5月，茶叶局被"砸烂"，停止行使其职权。1969年初，茶叶局撤销，改为茶叶科，并入县供销综合站。1975年，成立崇安县供销社茶叶公司，基层设城关、吴

---

① 亩为非法定计量单位，15亩＝1公顷。下同。——编者注

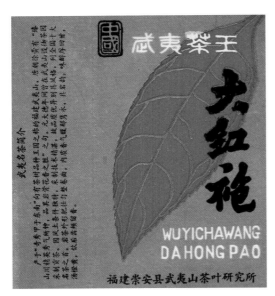

武夷名茶简介

大红袍素有茶中之王之称，是武夷岩茶四大名枞品种王国之称的福建武夷山，盛树生长在武夷山九龙窠的悬崖绝壁之上，先天得天独厚的武夷山泥神石茶园，尤其是茶叶采摘标准，采制技术精湛，制成品质优异，别全国十大名茶之首，采摘外形肥壮匀整紧结，叶片绿褐鲜润，冲泡后汤色橙黄明亮，依岩茶韵留香。

武夷茶王

大红袍

WUYICHAWANG
DA HONG PAO

福建崇安县武夷山茶叶研究所

早期大红袍小包装

屯、岚谷、五夫、兴田、星村、武夷7个茶叶收购站和天游茶叶试验场。

　　1980年1月，恢复成立茶叶局。1984年1月，又改名县茶叶公司。1987年3月又恢复成立茶叶局，下属单位为7站1所，即城关、武夷、星村、兴田、吴屯、岚谷、五夫茶叶收购站和武夷山茶叶科学研究所。各茶叶站以收购茶叶调运为主，兼顾茶叶生产技术指导工作。茶叶研究所以发展生产、繁育茶树品种、推广优良茶树品种和初制加工为主，并于20世纪90年代初，推出第一盒（款）大红袍茶。撤县建立武夷山市以后，崇安县茶叶局改称武夷山市茶叶局，崇安茶场改称武夷山茶场。

　　1992年6月，成立武夷山市岩茶总公司，进一步加强全市武夷岩茶栽培、制作、销售的一条龙技术指导工作。1993年1月，根据中共武夷山市委、武夷山市人民政府提出建设武夷茶城的战略要求，由原崇安县人大常委会主任、武夷山市人民政府顾问赵大炎兼任武夷岩茶总公司总经理，统筹市茶叶局、市经济作物局、茶叶公司等单位的工作。下设有武夷山市茶叶科学研究所、武夷山市茶叶批发中心和武夷山市茶厂3个单位。武夷山市岩茶总公司在指导性的服务项目中，有技术指导服务、市场指导服务、名茶制作服务和质量检测服务等项。

（二）茶学革新，欣欣向荣

大红袍，居武夷岩茶名丛之首，有"岩茶之王"的美誉，现存母株长于武夷山九龙窠峭壁上，是武夷菜茶中的优异单株。中华人民共和国成立以后，武夷山茶叶的生产与品种选育重新得到重视。20世纪50年代，姚月明随叶鸣高和陈书省等当地茶叶科技人员对武夷名丛资源进行调查，并开始收集整理大红袍茶树样本。

1960年，武夷山成立崇安县茶叶科学研究所，正式开始对大红袍的无性繁育研究工作。20世纪80年代初，武夷山科技人员对大红袍进行无性繁殖育苗成功并开始在岩区试种推广。1994年，武夷山市茶叶科学研究所主持《大红袍岩茶无性繁殖及加工技术研究》，其繁育的无性后代较好地保持了母本的优良性状，通过福建省科委组织之成果鉴定。2006年6月，"武夷岩茶(大红袍)制作技艺"被国家文化部确认为首批"国家级非物质文化遗产"。与此同时，武夷山市授予陈德华、叶启桐、刘国英、刘宝顺等12位制茶师武夷岩茶(大红袍)制作技艺传承人称号。2015年4月，武夷山市授予了6位制茶师第二批武夷岩茶（大红袍）制作技艺代表性传承人称号。

小种红茶，发源于国家自然保护区武夷山桐木关，因有"世界红茶鼻祖"美誉而享誉全球。17世纪，武夷正山小种红茶曾掀起欧洲红茶品饮的时尚潮流，200多年后，它的创新产品金骏眉又引领了国内红茶的流行。金骏眉的制作原料采摘自武夷山自然保护区的高山原生态茶园，然后经过一系列复杂的萎凋、揉捻、发酵、干燥等加工步骤而得以完成。金骏眉是难得的茶中珍品，外形细小紧密，伴有金黄色的茶绒茶毫，汤色金黄，入口甘爽。在传统红茶清饮滋味浓强，已较难满足现代人多元化的品饮需求态势下，金骏眉以其秀美的外形，清爽的口感和隽永的花香受到部分人士的喜爱，使国内红茶消费量逐渐上升。

在做好武夷茶优质产品的同时，我们也深刻认识到生态环境是武夷山的立市之本、发展之基。历届武夷山市委、市政府都高度重视保护生态环境。近年来，武夷山市持续不断开展违法违规开垦茶山综合整治行动，保护了武夷山的绿水青山，为武夷茶的健康发展，打下坚实的基础。

2015年，习近平主席访问英国，在一晚宴上致辞说："中国的茶叶为英国人的生活增添了诸多雅趣，英国人别具匠心地将其调制成英式红茶。"这是武夷茶和西方文化交融的典范。中国在重大外交场合，都有"茶"的身影。随着"一带一路"建设的推进，武夷茶作为中国茶的代表与中国茶道将继续大踏步向外传播。茶道精髓中人与人、人与自然和谐相处的思想，将不同肤色、不同文化、不同习俗的世界各族人民聚集一起，以人为本，以和为贵，加强沟通与合作，共同创造一个充满欢乐、生机盎然、和谐稳定的大同世界。

第二节
森然可爱不可慢,
骨清肉腻和且正

文人说茶,以北宋著名文学家苏轼戏作《叶嘉传》堪称一绝。他针砭时弊,以人拟茶,大赞建茶"性真如铁、清白可爱",畅抒儒家"中和致正"的崇高理想。本节对苏轼《叶嘉传》作一解读,供时人欣赏。

一、苏轼其人

苏轼(1037—1101),四川眉山人。北宋著名文学家、书法家、画家。历宋仁宗、宋英宗、宋神宗、宋哲宗、宋徽宗五朝君王,于宋徽宗即位的第二年去世,一生经历了宋代茶文化蓬勃发展的时期。

苏轼出生在"门前万竿竹,堂上四库书"的书香家庭,一生立志于君子经世理想。自宋神宗倡变法始,苏轼就对新法保守持重。在变法派与守旧派斗争的过程中,苏轼或屡遭贬黜或升迁被用。苏轼一生大多数都在贬黜中度过,命运多舛维艰。苏轼融儒、佛、道三家思想,他关心国家命运,入世从政,爱民忧民,参政理

苏轼像

想屡屡受挫，以佛道思想作为心灵的避难所，展现出超然物外与旷放圆融的长久生命力。宋代以后，中国文人的心中皆有一个鲜活的苏轼，这是他的性灵在民族文化心理中的积淀，苏轼是中国文化史中不可或缺的生动的一页。

　　苏轼一生嗜茶，对茶深有研究。曾作《种茶诗》，创新茶树移栽之法："移栽白鹤岭，土软春雨后。"其诗《寄周安孺茶》，囊括茶叶采制、贮藏，并涉及茶文

化历史，茶艺品饮等方面，写道："香浓夺兰露，色嫩欺秋英。闽俗竞传夸，丰腴面如粥。自云叶家白，颇胜中山酿。"可谓一部诗意化的《茶经》。

苏轼深知茶的养生之乐，于杭州遍游佛寺，作诗《游诸佛舍，一日饮酽茶七盏，戏书勤师壁》中，讲述一天喝了七盏浓茶，以治愈疾病之事。贬谪各地亦不忘品茶，以破烦恼。苏轼在黄州谪居生活之后，被命迁汝州，路上经过泗州，得友人刘倩叔款待，游南山，有《浣溪沙·细雨斜风作晓寒》词：

细雨斜风作晓寒，淡烟疏柳媚晴滩。入淮清洛渐漫漫。

雪沫乳花浮午盏，蓼茸蒿笋试春盘。人间有味是清欢。

上片写景，下片抒情，友人款待茶叶、春蔬，甚觉"有味"，"清欢"显示了词人高雅的审美意趣和旷达的人生态度。

他深谙品饮之道，常以名茶配名泉，"独携天上小团月，来试人间第二泉"。其诗《试院煎茶》将唐人李约"活火发新泉"煎茶法与宋人文彦博煎茶所学西蜀的"煎茶只煎水"之法相较而论，颇有茶道高人博古论今之意。不仅如此，苏轼还设计了一种提梁式的茶壶，其谓"松风竹炉，提壶相呼"，可见其在茶道艺术上的追求。他高超的点茶品茶技艺，深受时人称道。僧侣释了元将自制的社前茶分与苏轼，并作诗曰"遇客不须容易点，点茶须是吃茶人"，认为苏轼能点会品，实乃真正的雅客。苏轼与南屏禅师品茶论艺，曰之"泻汤旧得茶三昧"，可谓"得之于心，应之于手"。

苏轼一生茶友多，如包安静、释了元、蒋夔等。他们经常借茶相聚，品茶论茶，传达深厚的情谊。在《怡然以垂云新茶见饷，报以大龙团，仍戏作小诗》中，怡然与苏轼互赠名茶，怡然送给苏轼垂云新茶，苏轼回馈以大龙团茶。垂云新茶是香积厨的妙供，而大龙团则是供皇帝饮用的珍品，垂云新茶为拣芽、雀舌，而大龙团是皇上所赐。

茶可使文人激发文思，利于思考。苏轼在汲水煎茶、细碾慢罗时，思考宇宙，辩证哲理。如他与司马光论茶墨云：

> 司马温公与苏子瞻论茶墨俱香云："茶与墨二者正相反，茶欲白，墨欲黑。茶欲重，墨欲轻。茶欲新，墨欲陈。"苏曰："奇茶妙墨俱香，是其德同也，皆坚是其操同也。譬如贤人君子，黔皙美恶之不同，其德操一也。"

司马光提出茶与墨之不同，问苏轼为何同时爱此二物？苏轼回答奇茶妙墨的异中之同，乃"德操一也"，这里有着他对人格的理性思考。茶是宋代君子人格的外化，饮茶是一种人格修养，与苏轼凝练自省的人格追求一致。

理性让苏轼在氤氲茶烟中，思考人生的际遇，超越困境，修身养性。苏轼一生宦海沉浮、颠沛流离，却能圆融达观。其诗《汲江煎茶》曰：

> 活水还须活火烹，自临钓石取深清。
> 大瓢贮月归春瓮，小杓分江入夜瓶。
> 雪乳已翻煎处脚，松风忽作泻时声。
> 枯肠未易禁三碗，坐听荒城长短更。

北宋哲宗元符三年(1100年)春，诗人被贬儋州。月下取泉，活水活火，煎茶自饮，雪乳翻、松风鸣，一切都是天然的美景，诗人颇有与江月同饮之意，旷放之极！卢仝之三碗不禁而悲天悯人，听着荒城更声的苏轼，相较意欲成仙的卢仝，何其相似！

二、苏轼别开生面赞闽茶

《叶嘉传》以拟人手法，诙谐的传记形式，不仅颇有贬损王安石、吕惠卿等人变法之弊的寓意，还生动呈现了宋代闽茶历史，尤以建州茶为重点。先以叶嘉先祖茂先喻武夷茶，叶嘉喻壑源茶，叶嘉儿子抟、挺喻北苑茶，皆属宋建州茶。

叶嘉先祖茂先游至武夷，葬在郝源，叶嘉便是闽人。郝源是壑源的谐音，与武夷同属今福建南平市，此寓意自明，福建不是茶树的原产地，茶的种植传至福建，建茶始闻于唐，盛于宋，叶嘉即指闽茶。宋人独崇闽茶，以其为天下之冠，故谓："天下叶氏虽夥，然风味德馨，为世所贵，皆不及闽。"

叶嘉先祖由武夷山迁至壑源（今属建瓯），可现闽茶的发展历史。从五代南唐始，闽茶方受重视，成为贡茶。五代以前，闽茶还不受世人重视，即使在唐代《茶经》中也并未详记。陆羽《茶经》"八之出"记：

> 岭南，生福州、建州、韶州、象州。其思、播、费、夷、鄂、袁、
> 吉、福、建、韶、象十一州未详。

建州唐时辖境相当于今福建南平以上除沙溪中上游以外的闽江流域地区，那么鬐源茶、武夷茶同属陆羽所说的建州茶，故《叶嘉传》谓："臣邑人叶嘉，……虽羽知犹未详。"叶嘉祖先茂先生前居武夷，自语道："吾植功种德，不为时采"，指的是武夷茶未受重视，武夷山产茶闻于唐，至宋代闽茶从东南一隅流向中原广大地区，世人享受着茶的恩惠，时至元代列为贡茶，至明清一直盛产茶叶，故谓："然遗香后世，吾子孙必盛于中土，当饮其惠矣。"

《叶嘉传》所推崇闽茶中的建州茶，所指的是武夷茶、鬐源茶、北苑茶。武夷山在今福建崇安县境，与鬐源毗邻，而北苑、鬐源同位于今福建省建瓯市东峰镇，仅一山之隔，三地同属今福建南平市。宋代武夷山属崇安县，北苑属建安县，均属福建路的建州或建宁府。北苑位于建溪之畔，建溪源头在武夷山脉。

然而，北苑、鬐源二地甚近，这可能是宋人在北苑建立官焙为贡的同时，以鬐源民间私焙为辅的重要地理原因。

叶嘉二子喻北苑名茶龙团茶，《叶嘉传》曰：

> 嘉子二人，长曰抟，有父风，故以袭爵。次子挺，抱黄白之术，比于
> 抟，其志尤淡泊也。

"抟"者，团也，谐音，指龙团茶。挺者，铤也，谐音，指京铤茶。京铤茶始制于五代南唐，北苑龙凤团茶始制于北宋太平兴国初，入宋以后，以龙凤团茶最

贵。龙团茶赐执政、亲王、皇族、学士、将帅，京铤茶次之，赐舍人、近臣，故曰"长日挘"，"次子挺"。所谓"故乡人以春伐鼓，大会山中，求之以为常"，意为建安太守率众僚齐集山中，山民擂鼓助威，喊山采茶，再现了北苑春天采茶制茶的繁忙景象。

叶嘉指茶，且有隐含銎源叶家茶之喻。北宋闽茶驰名九州，建安之茶，又以銎源为首，风靡天下，故谓"闽之居者又多，而銎源之族为甲"。《叶嘉传》谓"敕建安太守召嘉，给传遣诣京师"，即指建安太守督办銎源茶的事宜。朝廷遣使、地方官亲自督办采造贡茶，如丁谓、蔡襄先后作为福建路转运使督造大、小龙团茶。故称"郡守始令采访嘉所在"，"遣使臣督促"。銎源茶乃建安茶精品，上贡皇家，备受宠爱，贵似王侯公卿，是谓"建安人为谒者侍上"，"嘉以布衣遇皇帝，爵彻侯，位八座，可谓荣矣"。

苏轼对銎源叶家茶非常喜爱，其《岐亭五首并叙》其三曰："仍须烦素手，自点叶家白。"又《寄周安孺茶》曰："自云叶家白，颇胜中山醁。"郝源即銎源，与北苑仅一山之隔，其茶史悠久，宋人章炳文撰《銎源茶录》记之。2005年6月东峰镇裴桥村在山体滑坡的土堆中发现宋代初期叶春墓志残碑，碑文中多处显示銎源字样：

銎源山水接御焙冈脉，君者以奇茗友，远方宾旅至者，皆勤逆而厚遗之。

銎源茶园因山水连接北苑官焙，銎源茶奇佳为名品，叶春常以之赠宾客。銎源是叶姓的栖息地，叶春便是诸叶家之一，銎源因产叶家茶而享有盛名。宋人详细记载了銎源叶家各茶园的地理位置及其所种茶叶品种。

宋人的制茶工艺与前代不同，建安御茶更是精益求精，因此龙团贡茶其貌其形尤为特别，宋人将其色、香、味发挥得淋漓尽致，可谓煞费苦心。

点茶

叶嘉之"容貌如铁",为建安团茶之佳者。据蔡襄《茶录》所说,饼茶有青黄紫黑,赵佶也说"越宿制造者,其色则惨黑",当日做出者呈青紫色,是谓"容貌如铁"。叶嘉之"资质刚劲",意即不浮,具凝锵之刚,恰如赵佶所论:"质缜绎而不浮,举之凝结,碾之则铿然。"正因为龙凤团茶刚硬如铁,品饮此茶绝非易事。

点茶须配以专有的茶器,苏轼巧妙地将茶器喻为与叶嘉共事的朝臣,将茶与器的主次有别又相辅相成的关系表现得生动贴切。欧阳高、郑当时、陈平皆汉代名士,此处皆以喻点茶之器。欧者,瓯也,指茶瓯,用前需预洗,谐音为"御史"。"欧阳高"即带盏托的茶瓯,即宋人惯用的高脚盏托承起的茶盏。是谓"御史欧阳高"。时者,匙也,茶匙。茶器因茶而存,点茶因茶而论,茶瓯、茶匙、汤瓶为茶的色香味的极致发挥而服务,几者关系自然以茶为重,茶瓯(欧阳高)故称其"吾属且为之下矣"。"倾之"喻指倾汤点茶,形象指出了茶器与茶的主次相成的关系。

宋人同唐人，以泡沫为茶汤之精华，点好的茶面须泡沫涌茶盏边缘，谓之"咬盏"。皇帝引叶嘉同赴宴席，即在宴会上品茶，"怜嘉"即爱茶。皇帝欣赏茶汤，是谓"视其颜色，久之"。茶面泡沫轻浮汹涌，满盏而溢，如此漂亮精美的茶汤，皇帝自然爱不释手。作为嗜茶如命的宋徽宗赵佶就以"乳雾汹涌，溢盏而起"来赞誉，苏轼亦在此文中以叶嘉的风雅之态来喻茶汤之美，曰："其气飘然，若浮云矣"，"真清白之地"。

三、《叶嘉传》儒道融合的哲学内涵

《叶嘉传》笔势旷达，尽显儒道刚柔相济之骨。苏轼以儒家入仕为君子理想，同时又包容淡泊、旷放的道家思想，他入世为儒，出世为道，将儒之仁礼、道之自然整合于《叶嘉传》。叶嘉研经味史，志图挺立，资质刚劲，风味淡白，清白可爱，具有君子节操、志趣；叶嘉竭力许国，不为身计，敢于苦谏，有经世致用之功，可谓德才兼备。同时，叶嘉养高不仕，淡泊名利，崇尚自然。因此，《叶嘉传》正是以茶文化阐释了苏轼互济的儒道思想。

叶嘉"少植节操"，修养君子人格，立志为"天下英武之精"，是君子人格理想寄托于茶的儒家思想的体现。儒家倡导积极入世，是一门"内圣"之学。儒家茶道以茶励志、以茶修身、以茶悟道的"内圣"过程，正是儒家之格物、致知、诚意、正心和修身的过程。而儒家文人把茶看作养廉、励志、雅志的人格塑造的必要手段。叶嘉喻茶风味恬淡，指"修齐治平"人格道德之修养。

叶嘉刚直不阿，辅佐君王"刚劲难用"，有经世之才、济世之功，兴寄了作者君子礼仁的经世理想。孔门儒家将远古的礼乐传统内在化为人性自觉，变为心理积淀。儒家思想奠定于孔子的"仁"，"仁"表达出儒家对人格理想的追求。叶嘉喻茶啜苦咽甘，可养生祛病，利国利民，有济世之才；叶嘉喻茶色白味苦，乃"正色苦谏，竭力许国，不为身计"，以天下为己任，在皇帝实行经济专制时，提出"山林川泽之利，一切与民"，为生民立命，均表现出儒家"礼仁"思想。

《叶嘉传》可谓陆羽"精行俭德"最恰当的诠释者。《易经·系辞下》曰："精义入神，以致用也；利用安身，以崇德也"，此为"精行俭德"之精髓所在。叶嘉之行，乃拟人手法，生动呈现出种茶、制茶、点茶、品茶整个过程中的精行以用，即精益求精以致用，此为"精义入神，以致用"。茶，清白可爱，淡泊简约，此为人格追求之寄托于茶。苏轼将人格理想赋载于茶，则给予了茶的品格，形成人品与茶品高度统一的外在表现。

叶嘉所喻的建安贡茶制茶之技、点茶之艺、品茶之道，可谓"精行"之实践。精，精华，精细也；行，行为，行事，品行。茶的至真至美，必须施以精行而实现。精行才能尽物之性，从茶之源到茶之饮，都要历经"精行"。叶嘉经历的"槌提顿挫"，"碟斧在前，鼎镬在后"，"粉身碎骨"，历经磨难之后方可至"其气飘然，若浮云矣"之精熟之境，可谓精益求精之茶道。建安贡茶制造有采、洗、蒸、榨、研、造、焙等工序。点茶程序除了一般品茶的备器、择水、取火、候汤，另有关键技艺碾茶之法。碾茶须烤炙茶饼而后，经斫、捣、碾、磨等工序，所用工具分别为砧椎、木碾、石磨、茶罗等。茶碾后须以茶罗筛之以求细末粉质。细茶进罗以筛之。碾茶后乃点汤，即将茶粉置茶盏内，待汤瓶水沸，提瓶冲入茶盏沸水以拂击点茶。茶末经熁盏(热瓯)、击拂(以足击嘉)、注汤(以口侵凌之)之后，茶汤方可鲜白黏稠。以此所呈现出的建安茶之制、点、品之技，须应茶之巧，合得龙凤团茶的自然规律。如此这般精益熟练的技艺即"精行"，是目的性与规律性的统一，如此娴熟自在，便赋予茶人掌握自然和技能的自由感，正是孔子所谓"游于艺"的自由之境。

不仅如此，经历了一番茶道"精行"磨难之后，叶嘉气质飘然，启发人心，醒人精魄，苦谏节制，中庸刚劲，成"真清白"的君子。此寓意是在娴熟的"精行"

实践过程中，茶人实现了以茶利礼仁、以茶雅志励节的人格的塑造。此时，茶人不仅因熟练精行的茶事行为而自由，还因精行中修行而成君子人格而快乐，这正是孔子所谓的"立于礼，游于艺，成于乐"的过程。故，《叶嘉传》生动诠释了陆羽"精行俭德"儒家茶道的精髓，背后隐含着茶道美学中自由、快乐的审美结构，从这一点来说，君子的快乐、达观成为《叶嘉传》的重要格调。因此，叶嘉精行是儒家君子达到快乐之路径，叶嘉俭德是儒家君子理想的最高追求，整篇《叶嘉传》可谓道出了苏轼儒家茶道思想的精髓。

叶嘉乃山中隐逸高人，德高名盛，有治国济世之才，最终被皇帝召至京都，辅佐君王，为民谋利，正好说明了这一点。文终赞曰：

嘉以布衣遇皇帝，爵彻侯，位八座，可谓荣矣。然其正色苦谏，竭力许国，不为身计，盖有以取之。

叶嘉"植功种德"，且"不喜城邑，惟乐山居"，正是叶嘉儒家中和之美兼融道家美学的生命个性，如苏轼《次韵曹辅寄壑源试焙新茶》以儒道之美赞茶曰：

仙山灵草湿行云，洗遍香肌粉未匀。
明月来投玉川子，清风吹破武林春。
要知冰雪心肠好，不是膏油首面新。
戏作小诗君勿笑，从来佳茗似佳人。

第三节
斗茶味兮轻醍醐，
斗茶香兮薄兰芷

中国古代文人以诗写景，以诗言志，创作了大量脍炙人口的诗词歌赋。武夷文学宝库中，茶诗堪为又一绝。本节择其流传甚广、影响隽永之作，按年代为序奉献给读者。

尚书惠蜡面茶

唐·徐寅

武夷春暖月初圆，采摘新芽献地仙①。

飞鹊印成香蜡片，啼猿溪走木兰船②。

金槽和碾沉香末，冰碗轻涵翠缕烟③。

分赠恩深知最异，晚铛④宜煮北山泉。

【注释】

①地仙：武夷君，即武夷仙人。范仲淹《和章岷从事斗茶歌》："溪边奇茗冠天下，武夷仙人从古栽。"

②香蜡片：唐代名茶，蜡面茶，因茶汤白如镕蜡，故名。　木兰船：传说鲁班曾采用吴地木兰树刻木兰舟。

③沉香末：指碾碎的茶末如沉香末。　冰碗：青色越窑茶碗。陆羽《茶经·四之器》："邢瓷类雪，越瓷类冰。"徐夤《贡余秘色茶盏》诗云："捩翠融青瑞色新，陶成先得贡吾君。功剜明月染春水，轻旋薄冰盛绿云。古镜破苔当席上，嫩荷涵露别江濆。中山竹叶醅初发，多病那堪中十分。"

④铛：煮茶器，似锅，三足。苏辙《和子瞻煎茶》："我今倦游思故乡，不学南方与北方。铜铛得火蚯蚓叫，匙脚旋转秋萤光。"

【导读】

徐夤（873—？），字昭梦。莆田（今福建莆田市）人。博学多才，尤擅作赋。唐末至五代间文学家。文集有《徐正字诗赋》二卷。这是一首感谢尚书惠赠蜡面茶的诗，诗中写武夷的蜡面茶从采摘、制作形状、品性到得茶后碾碎、烹煮、品饮以及对尚书表示谢意。诗言蜡面茶有飞鹊印纹，以木兰舟运茶，以沉香喻茶，以冰碗饮茶。用词灵动，极具诗情画意。建茶在当时，已列入贡品，在朝野上下有很大的影响。可见，晚唐五代时期，武夷茶已经开始扬名，也证实了武夷茶兴于唐代。

和章岷从事斗茶歌

宋·范仲淹

年年春自东南来，建溪先暖冰微开。

溪边奇茗冠天下，武夷仙人从古栽。

新雷昨夜发何处，家家嬉笑穿云去。

露芽错落一番荣，缀玉含珠散嘉树①。

终朝采掇未盈襜②，唯求精粹不敢贪。

研膏焙乳有雅制，方中圭分圆中蟾③。

北苑将期献天子，林下雄豪先斗美。

鼎磨云外首山铜，瓶携江上中泠水④。

黄金碾畔绿尘飞，紫玉瓯心雪涛起。

斗茶味兮轻醍醐，斗茶香兮薄兰芷。

其间品第胡能欺，十目视而十手指。

胜若登仙不可攀，输同降将无穷耻。

吁嗟天产石上英，论功不愧阶前蓂。

众人之浊我可清，千日之醉我可醒⑤。

屈原试与招魂魄，刘伶却得闻雷霆。

卢仝敢不歌，　陆羽须作经。

森然万象中，焉知无茶星。

商山丈人休茹芝，首阳先生休采薇⑥。

长安酒价减千万，成都药市无光辉。

不如仙山一啜好，泠然便欲乘风飞。

君莫羡花间女郎只斗草，赢得珠玑满斗归。

【注释】

①嘉树：指茶树。《茶经》："茶者，南方之嘉木也。"

②襜：系在身前的围裙。《诗·小雅·鱼藻之什·采绿》："终朝采蓝,不盈一襜。"

③方中圭兮圆中蟾：指茶的形状，方形如圭，圆形如月。

④首山铜：黄帝铸鼎炼丹，曾采铜此山。　　中泠水：亦称"南零"，在今江苏镇江市西北金山西，有"天下第一泉"之称。

⑤众人之浊：引用屈原典故，《渔父》："举世皆浊我独清。"　　千日之醉：化用刘伶典故。刘伶，竹林七贤之一，嗜酒。

⑥商山丈人：秦末东园公、绮里季、夏黄公、甪里先生，避秦乱，隐商山，年皆八十有余。　　首阳先生：伯夷、叔齐独行其志，耻食周粟，饿死首阳山。

【导读】

范仲淹(989—1052)，字希文。吴县(今属江苏)人。少年时家贫，但好学，当秀才时就常以天下为己任，有敢言之名。此诗作于景祐元年(1034年)。范仲淹与从事章岷实地考察斗茶风俗，各以一首"斗茶歌"相和酬唱，故诗名。宋代福建建溪茶尤为盛名，宋人以建州茶为贡，特设建溪北苑官焙、郝源私焙以贡茶，武夷山脉居于建溪之源，建州茶一溪皆盛。斗茶习俗在产贡茶之地的建州自然兴旺之甚、风行不已。这首斗茶歌具体描绘了建州名茶的采摘、制作、品饮工艺，以及茶农相聚斗茶的盛况。

本诗是一首脍炙人口的著名茶诗，描绘茶叶所生高山之境，采茶制茶之精，斗茶点茶之巧，茶胜于仙草之功，茶可助君子节操之修，其间运用了大量的典故。茶乃自然灵物，卢仝可作"七碗茶诗"、陆羽可著《茶经》，可令酒市疲软、药市不景气。此乃茶史之诗，夸张且浪漫再现宋人品茶之雅、斗茶之盛、爱茶修养身心。全诗生动描述奇茗的争斗、美器的比较、良水的品鉴、技艺的切磋，水美、茶美、器美、艺美、味美，无所不美，无处不美，斗茶乃审美之佳境。

荔支叹

宋·苏轼

十里一置飞尘灰，五里一堠兵火催[①]。

颠坑仆谷相枕藉，知是荔支龙眼来。

飞车跨山鹘[②]横海，风枝露叶如新采。

宫中美人[③]一破颜，惊尘溅血流千载。

永元荔支来交州，天宝岁贡取之涪。

至今欲食林甫肉，无人举觞酹伯游[④]。

我愿天公怜赤子，莫生尤物为疮痏[⑤]。

雨顺风调百谷登，民不饥寒为上瑞。

君不见武夷溪边粟粒芽，前丁后蔡相笼加[⑥]。

争新买宠各出意，今年斗品充官茶。

吾君所乏岂此物，致养口体何陋耶。

洛阳相君忠孝家，可怜亦进姚黄花[⑦]。

【注释】

①置、堠：站。

②鹘：海鹘，古代一种快船。

③宫中美人：指杨贵妃。杜牧《过华清宫》："一骑红尘妃子笑，无人知是荔枝来。"

④伯游：作者自注："汉永元中，交州进荔支、龙眼，十里一置，五里一堠，奔腾死亡，罹猛兽毒虫之害者无数。唐羌字伯游，为临武长，上书言状，和帝罢之。唐天宝中，盖取涪州荔支，自子午谷路进入。"

⑤尤物：特别稀罕的事物。　疮痏：疮伤。

⑥粟粒芽：武夷山名茶。　前丁后蔡：指丁谓和蔡襄。作者自注："大小龙茶始于丁晋公，而成于蔡君谟。欧阳永叔闻君谟进小龙团，惊叹曰：君谟士人也，何至作此事！今年闽中监司乞进斗茶，许之。"

⑦姚黄花：牡丹花名品。作者自注："洛阳贡花自钱惟演始。"

【导读】

苏轼（1037—1101），字子瞻，号东坡居士，眉州眉山（今四川眉山）人。宋仁宗嘉祐二年（1057年）进士，官至翰林学士、知制诰、礼部尚书。曾上书力言王安石新法之弊后因作诗讽刺新法下御史狱，遭贬。卒后追谥文忠。北宋中期的文坛领袖，唐宋八大家之一。苏轼诗文纵横恣肆，题材广阔，清新豪健，善用夸张、比喻，独具风格。词开豪放一派，与辛弃疾并称"苏辛"。这是一首七言古诗，作于哲宗绍圣二年(1095年)，其时作者正被贬谪在广东惠州。建安北苑贡茶与广东的荔枝、洛阳的牡丹乃世间极品，一旦成为贡品，便给人民带来苦难。进贡荔枝的车马飞驰，日夜兼程，导致人马死亡交卧。贡茶自丁谓、蔡襄始，竞相进贡武夷细茶。苏轼认为将荔枝、茶叶、牡丹进贡皇帝，见识浅陋。他对丁谓、蔡襄贡茶谄媚、"洛阳忠孝家"钱惟演进贡牡丹之王"姚黄"以邀宠进行辛辣讽刺。这首诗历来被誉为"史诗"。诗中把描写和议论结合起来，把对历史的批判和对现实的揭露结合起来，写得跌宕起伏、沉郁顿挫，神似杜甫诗风。

和钱安道寄惠建茶

宋·苏轼

我官于南今几时，尝尽溪茶与山茗。

胸中似记故人面，口不能言心自省。

为君细说我未暇，试评其略差可听。

建溪所产虽不同，一一天与君子性。

森然可爱不可慢，骨清肉腻①和且正。

雪花雨脚②何足道，啜过始知真味永。

纵复苦硬终可录，汲黯少戆宽饶猛③。

草茶无赖空有名，高者妖邪次顽懭④。

体轻虽复强浮沉，性滞偏工呕酸冷。

其间绝品岂不佳，张禹纵贤非骨鲠⑤。

葵花玉銙⑥不易致，道路幽险隔云岭。

谁知使者来自西，开缄磊落⑦收百饼。

嗅香嚼味本非别⑧，透纸自觉光炯炯。

粃糠团凤友小龙，奴隶日注臣双井⑨。

收藏爱惜待佳客，不敢包裹钻权幸。

此诗有味君勿传，空使时人怒生瘿⑩。

【注释】

①腻：细腻。

②雪花雨脚：两种名茶。

③汲黯、少戆、宽饶：皆刚直之人。此句以人的性格喻茶性。

④草茶：宋代蒸研后不经过压榨去膏汁的茶。　　无赖：可爱。　　妖邪：怪异。顽懬：凶而下劣。

⑤骨鲠：刚直。

⑥葵花玉鸹：北苑贡茶。

⑦磊落：众多的样子。

⑧嗅香嚼味：《茶经·六之饮》："嚼味嗅香，非别也。"此句言建茶品质优异，透纸可见光彩。

⑨团凤：龙凤团茶。　　小龙：小龙茶。　　日注：草茶中的极品。　　双井：洪州双井白芽，其品质远出日注。

⑩怒生瘿：多因郁怒忧思过度而得病。

【导读】

苏轼品评天下茶，独爱建茶，以为它似君子："森然可爱不可慢，骨清肉腻和且正。""骨清肉腻"则描写了茶之清雅与细腻，是茶香和茶味的表达。苏轼品茶，实意在评人。胡仔《苕溪渔隐词话》：此诗云："草茶无赖空有名，高者天邪次顽犷。"以讥世之小人，若不谄媚天邪，须顽犷狠劣也。又云："体轻虽复强浮泛，性滞偏工呕酸冷。"亦以讥世之小人，体轻浮而性滞泥也。又云："其间绝品岂不佳，张禹纵贤非骨鲠。"亦以讥世之小人，如张禹虽有学问，细行谨饬，终非骨鲠之人也。又云："收藏爱惜待佳客，不敢包裹钻权幸。此诗有味君勿传，空使时人怒生瘿。"以讥世之小人，有以好茶钻求富贵权要者，见此诗当大怒也。

满庭芳　茶

宋·黄庭坚

北苑春风，方圭圆璧，万里名动京关①。

碎身粉骨，功合上凌烟②。

尊俎风流战胜，降春睡、开拓愁边。

纤纤捧，研膏溅乳，金缕鹧鸪斑③。

相如虽病渴，一觞一咏，宾有群贤④。

为扶起灯前，醉玉颓山⑤。

搜搅胸中万卷，还倾动、三峡词源⑥。

归来晚，文君⑦未寝，相对小窗前。

【注释】

①方圭圆璧：指茶的形状。范仲淹《和章岷从事斗茶歌》："研膏焙乳有雅制，方中圭兮圆中蟾。"黄庭坚《奉谢刘景文送团茶》："刘侯惠我大玄璧，上有雌雄双凤迹。"　京关：京都。

②凌烟：凌烟阁，唐朝为表彰功臣而建的高阁。

③鹧鸪斑：建盏，有鹧鸪斑点的花纹。杨万里《陈蹇叔郎中出闽漕别送新茶李圣俞郎中出手分似》："鹧斑碗面云萦字，兔褐瓯心雪作泓。"

④相如虽病渴：《史记》称司马相如有消渴疾。　一觞一咏：王羲之《兰亭集序》："虽无丝竹管弦之盛，一觞一咏，亦足以畅叙幽情。"

⑤醉玉颓山：形容男子风姿挺秀，酒后醉倒的风采。

⑥搜搅胸中万卷：卢仝《走笔谢孟谏议寄新茶》："三碗搜枯肠，唯有文字

五千卷。"　　三峡词源：形容文思泉涌，如三峡急流，化用杜甫《醉歌行》："词源倒流三峡水，笔阵横扫千人军。"

⑦文君：指卓文君，汉卓王孙之女，有才学。

【导读】

黄庭坚（1045—1105），字鲁直，号山谷道人，晚号涪翁。洪州分宁（今江西省九江市修水县）人。北宋著名文学家、书法家、盛极一时的江西诗派开山之祖，与杜甫、陈师道和陈与义素有"一祖三宗"之称。与张耒、晁补之、秦观都游学于苏轼门下，合称为"苏门四学士"。生前与苏轼齐名，世称"苏黄"。词中说方形或圆形的北苑茶进贡至朝廷，受达官贵人追捧，"茶之品莫贵于龙凤，谓之团茶……凡二十饼重一斤，其价直金二两。然金可有，而茶不可得，每因南郊致斋，中书、枢密院各赐一饼，四人分之。宫人往往缕金花于其上，盖其贵重如此。……不敢碾试，仅家藏以为宝，时有佳客，出而传玩尔……余自以谏官，供奉仗内，至登二府，二十余年，才一获赐。"诗人王禹偁作诗也说："样标龙凤号题新，赐得还因作近臣。"黄庭坚词出新意，言茶之功是降春睡、开拓愁边。又引出著名的建盏——金缕鹧鸪斑，膏乳交融于其中。词的下阕写邀朋呼侣集茶盛会。雅集品茶，连用四个典故。茶可解渴，故以"相如虽病渴"引起。他的宴宾豪兴，暗和茶会行令的本题，写出茶客们畅饮集诗、比才斗学的雅兴。"一觞一咏"两句，用王羲之《兰亭集序》之典。"醉玉颓山"，是《世说新语·容止》中嵇康的风姿。"搜搅胸中万卷"，化用卢仝《走笔谢孟谏议寄新茶》诗句。"还倾动三峡词源"，用杜甫《醉歌行》"词源倒流三峡水"，这些体现黄庭坚诗词"无一字无来处"的特点。最后带出卓文君，呼应相如，为词人的风流茶会作结，全词亦至此合一。

武夷采茶词

明·徐𤊹

结屋编茅数百家，各携妻子住烟霞。

一年生计无他事，老稺①相随尽种茶。

荷锸开山当力田，旗枪新长绿芊绵②。

总缘地属仙人管，不向官家纳税钱。

万壑轻雷乍发声，山中风景近清明。

筠笼竹笪③相携去，乱采云芽趁雨晴。

竹火风炉煮石铛，瓦瓶磈碗注寒浆。

啜来习习凉风起，不数蒙山顾渚香④。

荒榛宿莽带云锄，岩后岩前选奥区⑤。

无力种田聊莳⑥茗，官家何事亦征租。

山势高低地不齐，开园须择带沙泥。

要知风味何方美，陷石堂前鼓子⑦西。

【注释】

①稺：同"稚"。

②芊绵：草木繁密茂盛的样子。

③筠笼竹笪：采茶竹篮。

④蒙山：产于四川蒙山的茶。有蒙顶甘露、蒙顶石花等名品。　　顾渚：产于浙江湖州顾渚山。顾渚紫笋为古代名茶。

⑤荒榛宿莽：草木丛生的地方。　　奥区：腹地。

⑥莳：栽种。

⑦鼓子：武夷山鼓子峰。

武夷山茶农采茶

【导读】

徐𤊹（1563—1639），字惟起，一字兴公，别号三山老叟、天竿山人、竹窗病叟、笔耕惰农、筠雪道人、绿玉斋主人、读易园主人、鳌峰居士。祖籍侯官（今闽侯县荆溪镇徐家村），闽县（今福建福州）鳌峰坊人。明代著名藏书家、文学家、目录学家。采茶词细致地描述武夷茶的种植、采制与烹饮。武夷茶生长与种植环境处于坑涧这样的地理风貌，其微域气候与烂石沃土滋养茶树。清明前后，正是茶季忙碌时节，趁着晴天采茶，而所制之茶不亚于蒙山茶与顾渚茶。

御茶园歌

清·朱彝尊

御茶园在武夷第四曲，元于此创焙局安茶槽。

五亭参差一井洌，中央台殿结构牢。

每当启蛰百夫山下喊，摐金伐鼓①声喧嘈。

岁签二百五十户，须知一路皆驿骚②。

山灵丁此亦太苦，又岂有意贪牺醪。

封题贡入紫檀殿，角盘癭枕怯薛操。

小团硬饼捣为雪，牛潼马乳倾成膏。

君臣第取一时快，讵知山农摘此田不毛。

先春一闻省贴下，樵丁芟竖③纷逋逃。

入明官场始尽革，厚利特许民搜掏。

残碑断臼满林麓，西皋茅屋连东皋。

自来物性各有殊，佳者必先占地高。

云窝竹窠擅绝品④，其居大抵皆岩嶅。

兹园卑下乃在隰⑤，安得奇茗生周遭。

但令废置无足惜，留待过客闲游遨。

古人试茶昧方法，椎钤罗磨⑥何其劳。

误疑爽味碾乃出，真气已耗若醴餔其糟。

沙溪松黄建蜡面，楚蜀投以姜盐熬。

杂之沉脑尤可憾，陆羽见此笑且咷⑦。

前丁后蔡虽著录，未免得失存讥褒。

我今携鎗石上坐，箬笼一一解绳绦。

冰芽雨甲恣品第，务与粟粒分锱毫⑧。

【注释】

①撽金伐鼓：喊山习俗，敲锣打鼓。

②驿骚：扰动，骚乱。

③茇竖：刈草打柴的童子。

④云窝、竹窠：武夷山核心茶区。

⑤隰：低湿的地方。

⑥椎钤罗磨：见蔡襄《茶录》，砧椎用以碎茶，茶钤用以炙茶，茶罗用以筛茶，茶磨用以碾茶。

⑦咷：哭。

⑧冰芽雨甲：武夷茶名。《武夷茶歌》："奇种天然真味存，木瓜微酽桂微辛，何当更续歌新谱，雨甲冰芽次第论。" 粟粒：武夷茶名。

【导读】

朱彝尊(1629—1709)，字锡鬯，号竹垞，又号金风亭长，醧舫，晚称小长芦钓鱼师。浙江嘉兴人。清康熙十八年(1679年)举博学鸿词，授检讨，寻入直南书房，曾参加纂修《明史》。博通经史，擅长诗词古文，为浙派词的创始者。

此诗生动呈现了武夷御茶园的兴衰历史。宋代建州贡茶仅有北苑茶，元代设茶场于武夷后，武夷御茶遂与北苑茶并称。武夷御茶园位于武夷山的第四曲，内有五亭一井，焙芳亭、浮光亭、燕宾亭、宜寂亭、泉亭、通仙井。中央台殿设喊山台，每年惊蛰日，有司为文致祭，撽金伐鼓，百夫喊山，乃开山制茶的雄壮庄严之仪式。诗人同情诸多山农制作贡茶的艰辛困苦，并且披露君臣为满足一时的口腹之欲，强迫山农制茶而荒废粮食生产。明代武夷御茶园被废除，但因为茶利丰厚，允许山民在此处进行茶叶生产。诗人对武夷御茶园的旧壤是否适合种茶作了阐发。他认为好茶一定产于高处，或者竹丛深处的多小石的山地，御茶园却居于低下的湿地，不可得"奇茗"。即使废弃此处种茶也并无可惜，至少风景秀美可供游览。诗

武夷山核心茶区竹窠

人对明之前的煮茶、点茶法一一点评。他认为宋人点茶经过罗、磨、碾等成茶末而冲点，实则伤了茶之"真气"。而沙溪茶制造时要加松黄(松花)，建茶要涂蜡于饼面，楚蜀地方煮茶时要加生姜和食盐，建安贡茶还要加入如"沉香""龙脑"等香料，即谓"杂之沉脑尤可憾"。他特意指出陆羽会讥讽此类品饮之法，可见他细读《茶经》，与陆羽一样不满混以杂饮，而损茶之真味的"人工浅易"的"病茶"之法。明清时期汉族地区已基本废弃饼茶及其煮饮法，诗人自然崇尚清饮，才会有上文的评述。诗人携茶具上武夷，自冲自饮，虽"冰芽"茶、"雨脚"茶和"粟粒"茶区别极其微小，他也可需细细分别。此诗随处可见朱彝尊的论茶之高见，可见其为深谙茶道的茶客。

武夷茶歌

清 · 释超全

建州团茶始丁谓，贡小龙团君谟①制。

元丰敕献密云龙，品比小团更为贵。

元人特设御茶园，山民终岁修贡事。

明兴茶贡永革除，玉食岂为遐方累。

相传老人初献茶，死为山神享庙祀。

景泰年间茶久荒，喊山岁犹供祭费。

输官茶购自他山，郭公青螺②除其弊。

嗣后岩茶亦渐生，山中藉此少为利。

往年荐新苦黄冠③，遍采春芽三日内。

搜尽深山粟粒空，官令禁绝民蒙惠。

种茶辛苦甚种田，耘锄采摘与烘焙。

谷雨届期处处忙，两旬昼夜眠餐废。

道人山客资为粮，春作秋成如望岁。

凡茶之产准地利，溪北地厚溪南次④。

平洲浅渚土膏轻，幽谷高崖烟雨腻。

凡茶之候视天时⑤，最喜天晴北风吹。

苦遭阴雨风南来，色香顿减淡无味。

近时制法重清漳⑥，漳芽漳片标名异。

如梅斯馥兰斯馨，大抵焙时候香气。

鼎中笼上炉火温，心闲手敏工夫细⑦。

岩阿宋树无多丛，雀舌吐红霜叶醉⑧。

终朝采采不盈掬，漳人好事自珍秘。

积雨山楼苦昼间，一宵茶话留千载。

重烹山茗沃枯肠，雨声杂沓松涛沸。

【注释】

①君谟：蔡襄的字。

②郭公青螺：郭子章，号青螺，官至兵部尚书。

③黄冠：道士。

④溪北地厚溪南次：溪，指九曲溪。《武夷纪要》："诸山皆有，溪北为上，溪南次之，洲园为下。而溪北惟接笋峰、鼓子岩、金井坑者为尤佳。"

⑤凡茶之候视天时：郭柏苍《闽产录异》："凡茶树，宜日、宜风，而厌多风。日多则茶不嫩。采时宜晴，不宜雨。雨则香味减。"

⑥清漳：泉州、漳州。

⑦心闲手敏工夫细：指制茶手法精细。王复礼《茶说》："茶采而摊，摊而摝，香气发越即炒，过时、不及皆不可。既炒既焙，复拣去其中老叶枝蒂，使之一色。释超全诗云：'如梅斯馥兰斯馨，心闲手敏工夫细。'形容殆尽矣。"

⑧宋树：武夷名丛。郭柏苍《闽产录异》："为铁罗汉、坠柳条，皆宋树，又仅止一株，年产少许。"　雀舌：武夷名丛。

【导读】

释超全（1627—1712），俗名阮旻锡，字畴生，号梦庵，自称"轮山遗衲"。祖居金陵，明洪武年间移居福建厦门同安县。性嗜茶，康熙间至武夷山天禅寺为茶僧。《武夷茶歌》乃在天心常住时所写。

武夷山遍产名茶，僧道均精茶道，制茶最为得法。乌龙茶就创始于武夷山僧道之手。释超全身在茶乡，耳濡目染，深谙茶经，先后创作《武夷茶歌》和《安溪茶歌》，叙述了乌龙茶的制作工艺和品质，为福建乌龙茶留下了宝贵的历史资料。此

马头岩

诗生动再现武夷茶从远古时期到清朝的发展历程，诸如武夷岩茶御茶贡茶历史、制茶工艺及丰富茶类，祭祀、喊山茶俗等。

特别提到的武夷山地理环境、制作天气，真实生动。武夷茶土壤不同，茶则各异。溪北的土层比溪南的深厚，而平洲、浅渚的茶园土壤贫瘠稀薄，高处岩边的茶园多雾，即曰"平洲浅渚土膏轻，幽谷高崖烟雨腻"。天气对茶叶的采摘极为关键，采茶的天气以天晴吹北风为好，而连续的阴雨天，采摘的茶叶色香差且味淡。武夷岩茶的采摘与其他品种有极大的差异。即谓"凡茶之候视天时，最喜天晴北风吹。苦遭阴雨风南来，色香顿减淡无味。"制茶用漳州人的制法，可使茶香浓郁，有梅兰之香，诗曰："如梅斯馥兰斯馨，大抵焙时候香气。"

诗人闲适煮武夷岩茶而作此诗，诗曰："积雨山楼苦昼间，一宵茶话留千载。重烹山茗沃枯肠，雨声杂沓松涛沸。"雨中登楼，煮茗赏景，成茶之佳话，好不惬意！

御赐武夷芽茶恭记

清·查慎行

幔亭峰下御园旁，贡入春山采焙乡。

曾向溪边寻粟芽，却从行地赐头纲①。

云蒸雨润成仙品，器洁泉清发异香。

珍重封题报京洛②，可知消渴赖琼浆。

【注释】

①头纲：指惊蛰前或清明前制成的首批贡茶。

②京洛：京城。

【导读】

查慎行(1650—1727)，原名嗣琏，字夏重，改名慎行。号他山、查田，晚筑初白庵以居，故又称初白。浙江海宁人。康熙年间进士，官翰林院编修。尚宋诗，学苏轼、陆游。诗学宋人，功力颇深，善用白描手法。著作有《敬业堂诗集》。

此诗生动描述了武夷御茶园的生态环境及贡茶采制、蒸焙等工艺，突出武夷头春茶之珍贵在其味与功。官焙御茶园位于武夷山的幔亭峰下，春天采茶定选岩石溪边最鲜嫩的粟粒芽，烘焙成最精者头纲贡茶。以清泉煮茶，茶香浓郁四方飘溢。如此珍贵的佳品立即封印上进京城，消渴解烦全赖此等佳饮。

武夷采茶词

清 · 查慎行

荔支花落别南乡，龙眼花开过建阳。

行近澜沧①东渡口，满山晴日焙茶香。

时节初过谷雨天，家家小灶起新烟。

山中一月闲人少，不种沙田种石田。

绝品从来不在多，阴崖毕竟胜阳坡。

黄冠问我重来意，拄杖寻僧到竹窠②。

手摘都篮漫自夸，曾蒙八饼赐天家。

酒狂去后诗名在，留与山人唱采茶。

【注释】

①澜沧：兰汤渡，位于武夷山一曲三姑石下。

②竹窠：作者自注："山茶产竹窠者为上，僧家所制远胜道家。"

【导读】

查慎行好游历，常以诗为事。1715年，他重游福建闽北作《武夷精舍》《崇安梅容山明府贻武夷山志》《朝发小浆村暮抵紫溪途中口号四首》《建溪棹歌词十二章》《武夷采茶词》等诗作，关心民众生活。查慎行的采茶词概括性地讲述了武夷茶的采摘、制作。"澜沧东渡口"的"澜沧"，亦名兰汤渡，位于武夷山一曲三姑石下。龙眼开花时，谷雨时节正是采制武夷茶的时间，家家开焙茶叶。诗中小注说"山茶产竹窠者为上"，竹窠位于武夷山正岩核心产区，今以肉桂、水仙为佳。

武夷茶

清·陆廷灿

桑苎^①家传旧有经，弹琴喜傍武夷君。

轻涛松下烹溪月，含露梅边煮岭云。

醒睡功资宵判牒^②，清神雅助昼论文。

春雷催茁仙岩笋，雀舌龙团取次分。

【注释】

①桑苎：指桑苎翁，即陆羽。

②牒：文书。

【导读】

陆廷灿，生卒年不详。字扶照，一字幔亭。江苏嘉定人，曾任福建崇安知县。以明经为崇安令，洁己爱民，性嗜茶。因县内武夷山是著名的茶叶产地，故其在任上广泛涉猎茶叶史料，谙熟茶事，著《续茶经》。是书分上中下三卷，约七万余字，体例同于《茶经》。由于《茶经》中没有"茶法"这一内容，因此陆廷灿增添《茶经》所无的"历代茶法"，附录于书后。此书史料价值极为丰富，条理分明，征引繁富，颇切实用。

诗人感慨陆羽《茶经》传世，自称是陆羽的后人，又言自喜武夷山茶的闲适雅致之乐，可见其自诩为茶人雅客，其著《续茶经》乃天地人和的自然之为。诗人在月下、松下取水煮茶，这里的"溪""露"都是天然的好水，就地取来煮茶再好不过。"涛""云"正是煮茶泡沫精华而成美好意象。诗云："轻涛松下烹溪月，含露梅边煮岭云"，这是历代茶人追求自然合一的雅致意境，也能见出诗人深知饮茶之奥妙所在。武夷山弹琴、烹茶，与武夷仙人似乎亲密无间，自有无穷乐趣。武夷茶振奋精神，即使诗人白日赋诗论文，通宵处理亦可。春雷打动了春茶的苏醒，龙团茶当采茶叶最佳者，乃"雀尖"者，须优于一枪一旗分出次第。

冬夜煎茶

清·爱新觉罗·弘历

清夜迢迢星耿耿，银檠明灭兰膏①冷。

更深何物可浇书？不用香醅用苦茗。

建城杂进土贡茶，一一有味须自领。

就中武夷品最佳，气味清和兼骨鲠。

葵花玉镑旧标名，接笋峰②头发新颖。

灯前手擘小龙团，磊落更觉光炯炯。

水递无劳待六一③，汲取阶前清湛井。

阿童火候不深谙，自焚竹枝烹石鼎。

蟹眼鱼眼④次第过，松花欲作还有顷。

定州花瓷浸芳绿，细啜慢饮心自省。

清香至味本天然，咀嚼回甘趣逾永。

坡翁品题七字工，汲黯少戆宽饶猛。

饮罢长歌逸兴豪，举首窗前月移影。

【注释】

①兰膏：以兰脂炼成的香膏，可以点灯。

②接笋峰：又名小隐峰，依倚在隐屏峰西，沿峭壁尖锐直上，形似巨笋，其间横裂三痕，断而仍续，故名。

③六一：指六一泉。

④鱼眼、蟹眼：沸汤的形状，起小泡沫如鱼眼、蟹眼。释德洪《与客啜茶戏成》："金鼎浪翻螃蟹眼，玉瓯绞刷鹧鸪斑。"

【导读】

爱新觉罗·弘历（1711—1799），即清高宗乾隆皇帝。1735—1796年在位。自称"十全老人"。清乾隆皇帝清夜深更，烹茗读书。正好有福建土贡茶品，一一品味，道出"就中武夷品最佳"，因为它"气味清和兼骨鲠"，而茶正是出自武夷山接笋峰顶。乾隆皇帝是个善于烹茗的茶人，嫌茶童不谙烹茶技术，"自焚竹枝"，细啜慢饮心自省，体味出武夷茶的天然清香，甘味回舌，韵味隽永。全诗化用了苏轼的诗句，如《试院煎茶》的"蟹眼已过鱼眼生，飕飕欲作松风鸣"；《和钱安道寄惠建茶》："雪花雨脚何足道，啜过始知真味永。纵复苦硬终可录，汲黯少戆宽饶猛。"乾隆皇帝深夜喝茶，又与苏轼对话，"饮罢长歌逸兴豪，举首窗前月移影。"

试　茶

清·袁枚

闽人种茶当种田，郄车①而载盈万千。

我来竟入茶世界，意颇狎视②心迥然。

道人作色夸茶好，磁壶袖出弹丸③小。

一杯啜尽一杯添，笑杀饮人如饮鸟。

云此茶种石缝生，金蕾珠蘖④殊其名。

雨淋日炙俱不到，几茎仙草含虚清。

采之有时焙有诀，烹之有方饮有节。

譬如曲蘖⑤本寻常，化人之酒不轻设。

我震其名愈加意，细咽欲寻味外味⑥。

杯中已竭香未消，舌上徐停甘果至。

叹息人间至味存，但教卤莽便失真。

卢仝七碗笼头吃，不是茶中解事人。

【注释】

① 郤车：空车。

② 狎视：轻蔑。

③ 弹丸：形容壶小。

④ 金蕾珠蘖：茶芽。范仲淹《和章岷从事斗茶歌》："缀玉含珠散嘉树。"

⑤ 曲蘖：酒曲。

⑥ 味外味：袁枚《贵得味外味》："司空表圣论诗，贵得味外味。余谓今之作诗者，味内味尚不能得，况味外味乎？"此处袁枚引申至饮茶感受。

【导读】

袁牧（1716—1797），字子才，号简斋，晚年自号仓山居士、随园主人、随园老人。钱塘（今浙江杭州）人。清朝乾嘉时期代表诗人、散文家、文学评论家。乾隆四年（1739年）进士，授翰林院庶吉士。乾隆七年外调江苏，历任溧水、江宁、江浦、沭阳县令七年，为官政治勤政颇有名声，奈仕途不顺，无意吏禄；乾隆十四年辞官隐居于南京小仓山随园，吟咏其中，广收弟子。嘉庆二年（1797年），袁枚去世，享年82岁，去世后葬在南京百步坡，世称随园先生。袁枚倡导"性灵说"，与赵翼、蒋士铨合称为"乾嘉三大家"，又与赵翼、张问陶并称"乾嘉性灵派三大家"，为"清代骈文八大家"之一。文笔与大学士直隶纪昀齐名，时称"南袁北纪"。主要传世的著作有《小仓山房集》《随园诗话》《随园诗话补遗》《随园食单》《子不语》及《续子不语》等。

袁枚尝遍南北名茶，在他70岁那年，游览了武夷山，对武夷茶产生了特别的兴趣。他有一段记述："余向不喜武夷茶，嫌其浓苦如饮药。然丙午秋，余游武夷，到幔亭峰、天游寺诸处，僧道争以茶献。杯小如胡桃，壶小如香橼，每斟无一两上口，不忍遽咽，先嗅其香，再试其味，徐徐咀嚼而体贴之，果然清芬扑鼻，舌有余甘。一杯之后，再试一二杯，令人释躁平矜，怡情悦性，始觉龙井虽清而味薄矣，阳美虽佳而韵逊矣。颇有玉与水晶品格不同之故。故武夷享天下盛名，真乃不忝。且可瀹至三次，而其味犹未尽。""尝尽天下之茶，以武夷山顶所生，冲开白色者为第一。"《试茶》诗生动地描写闽茶种植、生产与饮茶风俗，特别是武夷茶饮茶艺术的描写，小壶小杯，以至于"饮人如饮鸟"，感受到武夷茶的人间至味："我震其名愈加意，细咽欲寻味外味。杯中已竭香未消，舌上徐停甘果至。"一旦如卢仝那样痛饮"七碗"茶，则失茶之真。

第四节
神鸟送来奇种子，
天神大宴武夷君

故事与传说，乃中国民间文学之瑰宝，其丰富的内容与深刻寓意反映了古代社会社情民意和百姓崇高理想。千余年来，武夷山流传大量有关茶的故事与传说，成为武夷茶文化重要组成，本节从《武夷茶经》《武夷文化：美丽传说》《武夷茶新考》中，择其流传影响甚广者供读者茶余饭后选为谈资。

一、白姑娘种水仙茶

在武夷山奇伟挺拔的三十六峰中，有一座叫天心岩。它居于武夷群峰中央，插入云霄，云雾缭绕。天心岩周围花红草绿，四季如春，岩下有座庵，叫天心庵。

有一年，天心庵里来了一户外乡人。老者叫白云公，是个忠厚老实的茶农，他有一个女儿叫白姑娘。他们上无片瓦，下无寸土，只得借庵旁的土地搭个草庐，替庵里的道士种茶。父女俩种的茶香，方圆百二十里的人，都前来品茗。

俗话说：天有不测风云，人有旦夕祸福。白云公老汉有次得了重病，一病不起而离开了人世，只留下白姑娘孤零零的一个人。好在白姑娘勤劳能干，日子还算过得去。

这一天，白姑娘背着茶篓上山，看见一棵小茶树。小茶树上开满了星星点点的小白花，香气扑鼻。白姑娘觉得新奇，就小心翼翼地把它移到自己住的草庐旁栽种。天心庵下有一个水仙洞，洞里有一眼山泉，泉水碧清，传说这泉水是从天上瑶池里渗透下来的仙水。白姑娘以此仙水浇灌小茶树。第二年开春以后，小茶树长得很快。叶子长得又厚又大，茶树竟有半人多高了。因为这茶树是用水仙洞里的泉水浇的，白姑娘就给这株茶树取名"水仙"。白姑娘细心地将水仙茶采下制好，装进葫芦里，舍不得卖也舍不得喝。

再说天心岩下住着一个单身哥，不知名也不知姓。他干事勤快利落，喜唱山歌，大家都叫他鹤哥儿。鹤哥儿穷，靠砍柴过日子。这天，他生了病，还要挣扎着上山砍柴，没想到昏倒在半路上，碰巧被白姑娘遇上了，白姑娘把他背回草庐。白姑娘眼看着鹤哥儿浑身滚烫，双眼通红，无法施救。白姑娘只好烧壶水仙洞里的泉水，撮上一把水仙茶叶，泡碗浓浓的水仙茶，给鹤哥儿灌下去。神奇的是，没过多久，鹤哥儿的嘴唇红润起来，眼睛已能微微睁开了。白姑娘赶忙又冲上一泡水仙茶，这第二碗比第一碗还香。鹤哥儿喝下第二碗，神志就清醒了。喜得白姑娘又冲了第三遍水，茶还是那么香！鹤哥儿喝完以后，竟然能够坐起来了。水仙茶冲到第四道水，茶叶渐渐沉到碗底，恢复像采时一样鲜嫩，水里还留有余香。鹤哥儿疾病消失，起身感谢白姑娘。

从此，鹤哥儿经常给白姑娘送柴担水，两个年轻人愈来愈亲。后来，白姑娘和鹤哥儿终于结成了夫妻。

白姑娘和鹤哥儿不断地用水仙茶给穷苦人治病，治一个好一个，治两个好一双。这消息很快传遍了武夷山，家家户户都知道水仙茶成了仙药！

天心岩下赤石村里有个无恶不作的财主叫柴富。他听说水仙茶是"灵丹妙药"，就起了歪主意。这天，他装作买柴，把鹤哥儿骗进府里，诱骗鹤哥儿卖水仙茶。鹤哥儿不肯，柴富就叫手下的狗腿子把他打死了，还吩咐手下家丁第二天进山抢水仙茶。

鹤哥儿死后变成了一只白鹤，飞回天心庵旁的草庐，歇在一株老松树上，对白姑娘叫道："柴富恶，柴富恶，明早抢茶要防着。"

白姑娘向白鹤点点头，懂得了它的意思，白鹤就飞走啦。但白姑娘却没有想到，这白鹤就是她的鹤哥儿啊！为了保住水仙茶，白姑娘跑山前奔山后，找了许多穷哥们，商量了对付的办法。

第二天，日头刚刚爬上山冈，柴富果然坐着骄子进山了。狗腿子们耀武扬威，看那架势，今天非踏平草庐，抢走水仙茶不可。他们才到半岭，忽然一阵山风，送来了山歌：

> 天心今年奇事多，出株水仙能除恶。
> 白姑是个瑶池女，芦秆抽水水上坡。

柴富听了奇怪，顺着歌声看去，只见一个老农在犁田。用根毛竹引来洞里的泉水，贮在下丘田里，只用一根手指粗细的芦秆靠在田埂上，下丘田的水就顺着芦秆哗哗地倒流进上丘田里。这样的奇事柴富还是头一次见着，惊得伸出舌头半天缩不回去。他刚想打听个究竟，耳边又传来一阵山歌：

> 今年奇事真新鲜，竹竿晒茶指上天。
> 茗糠能搓九丈绳，缚个龙王守山前。

柴富正揣摩这歌的意思，忽见村口一株老松树下，有个老木匠正在推刨子，一根大木头，正被刨成一根头尖尖、身圆圆的像针状的东西，旁边站着白姑娘，手里拿着一绺头发，一根接一根在连成线，口里也唱着山歌：

大树当针发当线，织顶天网不见沿。

请来天兵和天将，神鬼难逃法无边！

这一来，狗腿子们个个你拉拉我，我推推你，都不肯再往前走，柴富心里更慌，以为白姑娘是个仙女，冒犯不得，便偷偷地溜下山去了。从此，柴富再也不敢上山抢水仙茶了。

白姑娘保住了水仙茶，可是再也见不到她的鹤哥儿回来。她背上茶篓整天到山上各处找呀，找呀……这天，她爬上天心岩顶，突然看见一只白鹤从天边飞来，朝着她叫道："姑娘姑娘莫心伤，鹤哥驮你进天堂。"

于是白鹤落到白姑娘身旁，白姑娘骑上鹤背，朝天宫飞去了。

二、勤婆婆栽大红袍

话说武夷山制茶祖师杨太白发明的一整套制茶工艺，扩大了茶叶的用途，提高了品味，也促进了武夷山种茶业的兴旺。而许多名丛的发现更推动了武夷茶事的发展。武夷名丛，脍炙人口，传统名茶，流传着不少神奇的传说。

先说"茶中之王"大红袍。

那一年武夷山闹大旱，一整年都没下过一点雨星星。天干干，地旱旱。山上的草木枯萎了，田里的庄稼焦黄了，岩上的流泉干涸了。

田里没有收成，百姓们只好翻山越岭去剥树皮、撅草根来充饥。可是没多久，树皮、草根也吃完了，就只好挖观音土来填肚子。吃观音土难受的滋味就不必说了，塞进肚里不消化，鼓胀胀的，才难受呢，日复一日，人们的肚子渐渐地鼓了起来。

再说，武夷山北慧苑村里有一个年过半百的老婆婆，这可是个百里挑一的好人哪！她没儿没女没老伴，一个人孤零零地过日子，却常常帮助乡里乡亲洗洗刷刷，缝缝补补。大家见她人勤心好，都亲热地称她"勤婆婆"。

有一天，勤婆婆从老远老远的山里，好不容易采来了一把绿绿黄黄的树叶，她又饥又渴，便熬了碗树叶汤，刚想喝下，门外却传来了一阵阵痛苦的呻吟声。勤婆婆连忙放下汤碗，赶到门外去看，只见一个衣服破烂不堪，挂着龙头拐杖的白发老头坐在门口的石墩上，正上气不接下气地喘着粗气。他披头散发，双眼深陷，脸色蜡黄，干燥的嘴唇翻起一块块白皮，挂拐杖的手分明是一根嶙峋的树枝。勤婆婆顿生怜悯之心，急忙把老头让进屋里，端起那碗热腾腾的树叶汤，送到老头面前说："大旱年头，没什么好吃的，这碗树叶汤，你趁热喝吧！"

　　老头感激地接过汤碗，咕噜咕噜几口就喝完了树叶汤，顿时满面红光，精神抖擞。他笑呵呵地举起手中的龙头拐杖，对勤婆婆说："好心的老妪呀，感谢你救了我，老汉没有什么报答的，就把这龙头拐杖送给你吧！"老头说着，就把拐杖递给了勤婆婆。勤婆婆看那拐杖，屈曲盘旋，黑油油亮闪闪，活像一条盘龙，龙嘴里还含着一颗明晃晃的夜明珠呢。真是无价之宝啊！勤婆婆是个实心人，她想：喝碗树叶汤，怎能让人家还这么重的礼呢？勤婆婆刚想把拐杖还给老头，老头像看穿她心思似的，又说："好心的老妪呀，你在院子里挖个坑，把拐杖插上，再浇碗清水就行啦！它会给你带来幸福的。"白发老头一挥，勤婆婆顿时觉得有一股清风扑面吹来。她回过头一看，呵！白发老头变成了身穿大红锦袍的道人驾着一朵彩云远去了。她惊喜不已，知道自己遇上神仙了。

　　勤婆婆遵照仙人的叮嘱，在院子里挖了个坑，插上龙头拐杖，又浇上清水。第二天早上，她起来一看，立刻被一种奇异的景象惊呆了！只见黑溜溜的拐杖已变成一棵绿葱葱的大茶树，暗灰色的树干，伸出许多弯弯曲曲的枝条，枝条上长满了一簇簇肥厚的嫩芽，紫红紫红的。晨风吹拂，清香缕缕，引来百鸟和鸣，彩蝶嬉戏，也引来了村里村外的男女老少，院子里熙熙攘攘，热闹极了。

　　勤婆婆热心招呼大家，把那团团簇簇嫩嫩绿绿的芽叶采下来，大家一边采，茶叶一边长，怎么也采不完，真是奇怪。

勤婆婆高兴极了，连忙烧开水，熬了一大锅浓浓的茶叶汤，分给乡亲们喝。大家喝下茶叶汤，直觉得清心沁脾，回肠荡气。肚疼的不疼了，腹胀的不胀了。乐得勤婆婆笑呵呵的。

俗话说："天下没有不透风的墙。"不久，武夷山有株神奇茶树的消息，就传到了京城，传到了皇帝的耳里。这皇帝可是个狠毒贪心的人。在他眼里，什么人间的瑶草琼花、奇珍异宝，都只能姓"皇"，更何况这株盖世无双的神茶树呢？

皇帝立即派去大臣、兵将，连挖带抢把勤婆婆的茶树移进皇宫，毕恭毕敬地种在后花园里。

皇帝得到了神茶树，不禁笑逐颜开，请来朝廷的文武群臣，举行了隆重的品茶盛会。一曲笙歌荡起，宫女翩翩起舞。皇帝在鼓乐声中绕着香气诱人的茶树，笑得合不拢嘴。继而，呼声四起，皇帝要亲自采茶啦！他刚伸出那双苍白枯瘦的手，那茶树却像有意作弄他似的，忽地向上长了一大截。

皇帝踮起脚来，伸手去采还是采不到，只好叫人搬来龙虎凳。皇帝刚登上凳子，茶树又忽地往上长高了几丈。皇帝气得吹胡子、瞪眼睛，忙差侍卫抬来一架长梯。皇帝颤悠悠地爬上竹梯。皇帝爬上一阶梯，茶树长高一节；皇帝再爬上一阶，茶树又往上长一节……就这样，皇帝爬呀爬呀，茶树长呀长呀，一直伸入云天。

皇帝采不到神茶，怒发冲冠，下令砍茶树。谁知巨斧落下，寒光一闪，顶天茶树哗啦啦倾倒下来，压塌了皇宫，砸死了皇帝，惊得文武百官抱头鼠窜……

这时，天空忽地飘来一朵红灿灿的云彩，悠悠荡荡地降落在茶树兜上，茶树立即长出粗壮的枝干，绽出了紫红紫红的嫩叶。红云飘呀飘呀，又围着茶树飘了三圈，继而卷着茶树竟连根带须地飞出了京城，飞过高山，飘过江河，向着勤婆婆居住的武夷山飞去……

再说，那天皇帝派人抢走了茶树，勤婆婆悲痛欲绝，食不知味，寝不安枕，她日里哭，夜里想，一日复一日，渐渐地哭肿了眼睛，想白了头发，愁坏了身子。这天，勤婆婆躺在床上，忽然听见喜鹊在窗口欢叫，她从床上起来，挂着拐杖，一悠一颤地走到门口往外一看：哟，在一朵红云下，成群成群的小鸟、蜜蜂、蝴蝶拥簇着一株青翠欲滴的茶树，在瓦蓝瓦蓝的天空中翩翩飞舞……

茶树！茶树！这不就是自己日思夜想的神茶树吗？勤婆婆一高兴，眼也明了，愁也消了，病也好了。她连忙扔掉拐杖朝茶树奔了过去。

可那茶树却没有落下来，只是在勤婆婆的院子里打个圈，又恋恋不舍地飞走了。它掠过慧苑岩，飘过流香涧，从天心岩南下，过了巨石悬垂的象鼻岩，到了山脚，再折而向西，飞进了"茶树的王国"——九龙窠。

待勤婆婆和乡亲们赶来，九龙窠半山腰上那朵飘着的红云已落到了一棵大茶树上。勤婆婆忙叫来后生挽扶她爬上岩壁仔细一瞧：哟，这哪是红云呀！分明是仙人穿的大红锦袍呢！她掀开红锦袍一看，只见原来青翠的茶树已变得满树红艳艳的，还熠熠发光呢！

从此，人们就把这株茶树称作"大红袍"。后来这株茶树又发蔸，长成了三棵。白发仙人为什么要让"大红袍"扎根九龙窠的半山腰呢？原来这半山腰还是块"宝地"呢！那岩壁上终年不断的涓涓清泉，就是龙头拐杖嘴里的夜光珠渗出来的"仙水"。

三、神鸟送来奇种子

在武夷山品种繁多的茶树中，有一种树丛矮小，叶片厚窄的茶树，它长在路边、崖前、山巅，耐寒耐旱，到处都能生长，而且枝叶繁茂。这就是武夷山的"奇种"茶。

相传武夷山古时是一片汪洋大海，不知什么时候，海水退去了，留下许多奇峰怪石。不几年，荒凉的海滩成了片片肥沃的绿洲。人们便陆续从远方搬到绿洲上定居，开辟良田，种茶栽果。经过一代一代人辛勤的创业，武夷山村村六畜兴旺，户户五谷丰登，村民们的日子过得十分红火。

也不知是啥原因，一年初秋，一连几十天，天上没落一滴雨，武夷山里所有的泉水都枯竭了，树木枯萎了，良田龟裂了，才打浆的庄稼也都耷拉着脑袋，没有一点生机。村民们呼天唤地，天天排着队到寺庙里求神拜佛，祈求苍天保佑，给他们送来及时雨。可是呼天天不应，唤地地不灵呀！庄稼绝收了，大家只得靠挖草根、剥树皮充饥。身强力壮的后生一天天地干瘦下来，老人小孩则一个个疾病缠身了。这日子怎么熬呀！

大家又到山里挖野菜、草根。挖呀，挖呀，忽然一阵清风吹过，大家都觉得非常舒服。抬头一看，只见一朵白云从远处飘来，一会儿飘过头顶，一会儿又飘了回来，大家都感到奇怪。老人说："说不定这是巡山路过的神仙啊。"

又过了几天，村民依然像往常一样上山挖草根，剥树皮。大家拼命地挖呀，挖呀，忽然看见天上飞来一只满身金光闪亮的大鸟，一声不响地落在一棵大树上。大家好奇地瞧着它。大鸟"呀"的一声，从嘴里吐出一颗亮晶晶的绿珠子，绿珠子立刻钻进了土里。大鸟站在树上说："我是神鸟，奉观音旨意，到玉帝仙茶园里偷来这粒茶籽，普救众生苦难。这茶籽落地生根成树，开花结籽，风吹满山，满山皆是茶树，不畏寒冷，不惧旱涝，能充饥能治病。"说完，神鸟展开翅膀，翩然飞去。天空顿时雷声大作，闪电交加，甘霖骤下。村民们齐刷刷跪在地上，沐浴着久盼的雨水，不住地叩头，千恩万谢。

雨过天晴。神鸟吐下的那颗绿珠子破土而出，爆了芽，抽了叶，开了花，结了籽，清风卷着茶籽，撒遍了整个武夷山，满山披绿，生机盎然。大家采来茶叶熬汤喝，不仅清神爽气，而且促进消化，连吃几天，肚子再也不会感到胀痛难受啦！老老少少的病也一天天好起来。这件事迅速传遍了武夷山的村村寨寨，人们都上山采叶充饥，再也不用找野菜、挖草根、剥树皮吃了。有些人还把茶树移到房前屋后种植，像吃菜一样，要吃就去采。时间长了，大家就给这茶树起了个名字，叫"菜茶"。由于这种茶树到处都能生长，十分耐旱，在石隙里也能成活，又说是神鸟从天庭含来的茶籽，人们又给它取名"奇种"。

四、仙女天游撒茶花

王母娘娘生了个金童，玉帝爷可高兴啦！他要为金童做满月，半个月前就发了满月诏帖，邀请各路神仙到那风光秀丽的武夷山玉皇楼开满月宴会。

这事可忙煞了专司歌舞的女神。连日来，她召集天庭的灵芝、玉兰、杜鹃、牡丹、月桂和茶花众仙女来练歌练舞，好在宴会上为玉帝和王母娘娘献歌献舞。众仙女唱呀舞呀，飞红绸送走了太阳，舞鲜花迎来了月亮。一个个累得气喘吁吁，汗涔涔的。

一转眼，宴会佳期就到啦。

这天清晨，云霞飞舞，金鼓齐鸣，天门打开啦！众仙女一个个披纱戴花，轻盈盈地飞出天门。她们在宫廷里岁月寂寞，都想看看人间是个什么模样。哪晓得拨开云雾朝下一望，她们却惊呆了。只见武夷丹山碧水，九曲环绕，山上青竹摇曳，岭下绿树婆娑，七彩的山花点缀在郁郁苍苍的峰峦沟壑之间。树林里百鸟欢唱，花丛中蜂蝶翻飞，真是山清水秀，景色宜人呀！仙女们情思涌动，心想何不先去观赏一番，再上玉皇楼也不迟嘞！

众仙女驾起紫云，飞过天河，从三仰峰飘到天游峰，顿时被山下那阵阵的山歌所吸引，便驻云凌空，尽情游览武夷那奇幻的山光水色。

众仙女中年纪最小的茶花仙子，平日里最喜唱歌，一听到那动人的茶歌，心就醉了。她随着歌声，翩翩起舞，不知不觉离开了众姐姐来到天游峰的一览亭上，见那九曲溪边郁郁葱葱的茶园里，后生哥壮如骏马，姑娘们俏似彩蝶。后生哥肩背竹茶篓，姑娘们手提方竹茶篮，穿梭在碧绿的树丛之间，一边采茶，一边对歌。欢快的歌声，清朗的笑声，飘荡着，满山满坡。茶花仙子忘情地看呀、听呀，越看越听越是心驰神往，越听越看越觉人间赛过天堂！她心里美滋滋的。她也情不自禁地轻轻唱起仙曲，神荡荡地朝着峰下的茶园漫步走去，连云中仙姐们的呼唤也没有听见。

"呦！快来看呐，天上的仙女下凡啰！"

不知是哪个茶姑呼喊一声，把来到九曲溪边的茶花仙子从遐思美想中惊醒过来，茶花仙子这才知道已到了凡间。她慌忙仰首遥看云天，已不见了众姐姐们的踪影。只看到一团镶着金边的白云朝着她闪闪烁烁，又隐隐约约地听到鼓钹笙箫的仙乐声，恍然想起，玉皇宴会就要开始了。她便立即凌云驾雾，风风火火地赶往玉皇楼。

茶花仙子来到玉皇楼前，众仙女已在轻歌曼舞了。她匆匆上了玉阶，穿过金门，眼瞧见在绿檐红墙的大厅前，站着个仙汉，仔细一看，不是别人，正是那个爱发酒疯的李铁拐。她心一沉，暗自嘀咕：真倒霉，单单碰上这疯仙把门。

今天，玉帝高兴，只是罚他到门口把门。李铁拐哑巴吃黄连，不得不认。现在茶花仙子也迟到了，他刚好把气出在茶花仙子身上。李铁拐一双醉眼圆怔怔地盯着茶花仙子，责问她为何姗姗来迟。任茶花仙子怎么求情，也不让她进去。两下三下，两人就吵了起来，这时，歌舞仙女闻声赶来，怒斥茶花仙子犯了天条，不许她参加宴会，罚她与宫婢一起为众歌舞仙女递送百花，并说回到天庭后再跟她算账……

在飘逸的仙乐声中，玉皇楼仙宴结束了。众仙腾云驾雾各归山洞去了，仙女们也抱着各自的花束，乘着彩云向天庭飘去。

路经天游峰时，茶花仙子见峰下茶园里依旧歌声阵阵，笑语声声，想到自己回天庭后将被贬入冷宫的凄凉情景，难过得直流眼泪。她想：我不能生在凡尘，也要为人间增添春色。她毫不犹豫地把要带回天宫供奉玉帝的茶花向天游峰哗然撒去。刹那间，那芬芳多姿的茶花在微风中散成一片片洁白的花瓣，纷纷扬扬，熠熠闪闪。当这些花瓣落到九曲溪边的山垅茶园时，忽又慢慢地聚在一起，在一阵馥郁的香气中变成了一株枝叶繁多的茶树，像一把张开的大凉伞。此后，每年八九月间，这株茶树就开满了无数小白花，宛若亭亭玉立的白仙女，独立于葱郁的茶丛中，十分惹人。从此，人们就把天游峰下这株名丛称为"天女散花"了。

五、幽谷奇茗不知春

古时候，有个叫寒秀堂的人，平生最喜爱茶叶。他读的是《茶经》，吟的是茶诗，作的是茶赋，喝的是各地名山的茶叶。

一天，他听人说：武夷山的山是最美的山，武夷山的水是最甜的水，武夷山的茶是最香的茶。寒秀堂高兴极了，连忙风尘仆仆赶到武夷山来，选了一处幽静的山谷住了下来。

哪知来得不巧，这时清明、谷雨已过，武夷山那头春茶已经采下山了。可是，寒秀堂见了武夷的奇峰峻岭，山光水色，兴致还是很浓，高高兴兴地欣赏起那满山遍岭、姿态万千的奇种茶来。

他爬过一道又一道峰，看到了九龙窠半天腰上驰名天下的"大红袍"茶；

他越过一个又一个坡，看到了慧苑坑后众口称赞的"白鸡冠"茶；

他蹚过一曲又一曲溪，看到了九曲溪边上郁郁葱葱的"水仙"茶；

他翻过一座又一座岩，看到垂挂在凤林丹岩壁上的"吊金龟"茶……

寒秀堂走走停停，停停走走，如数家珍似的，把那千奇百态的武夷名丛挨个地观赏，真是大饱眼福。

他就这样山里转山外，坡上绕坡下，林里林外地走着走着，刚到天游峰下的一块大石旁，猛地闻到一股奇异的香味，直沁心脾，那香味像桂花，又像兰花，浓郁而清甜，好闻极了！寒秀堂抬起头来，左顾右盼，不见桂花树，也不见兰花草，不知从哪里来的这股子清香味。

他很奇怪，就顺着香味找去。不知不觉走进了一个阴暗的大岩洞，洞里冰凉凉的、湿润润的，借着透进岩洞的几缕阳光，前看看，不见兰花丛，后看看，也不见桂花树，只看到石头堆里长着一株大茶树。那茶树大极了，叶子又厚又长，满树伸出一串串浓绿浓绿的嫩芽芽来；嫩芽芽在风里沙沙地摇摆，飘出一阵阵有时像兰花、有时像桂花的香味来。寒秀堂不禁愣住了：洞外的头春茶早就采下山了，怎么这洞里的茶树才发芽呢？他忍不住感叹地说："春过始发芽，真是不知春哪！"话音刚落，洞外就传来一阵"咯咯咯"的笑声，回头一看，原来是一个红衣姑娘手提茶篮站在洞口，笑吟吟地说："哎呀，不知春，这茶树名起得真好！谢谢先生。"

原来这红衣姑娘是武夷山的茶姑，年年端阳前来采这棵迟发芽的茶树，可这茶树没个名字，问遍了山里的茶农老辈也不知道！红衣姑娘就想：能给这棵茶树起个好名字才美！她想了好长时间都没想出一个好听好叫又恰当的名字来，此时听到读书先生给茶树起了个美名，喜得忙脱口答话，并向先生施了一个礼。

寒秀堂见姑娘一个劲儿地致谢，不好意思地说："小生不过随口说说而已，既然姑娘喜欢这个名字，就管它叫'不知春'吧！"

从此，武夷人把长在洞里和岩边的这棵茶树叫作"不知春"了。每年村姑们将它单丛采摘，制成茶叶。因茶味清香甘醇，饮后满口留香，被人们列入武夷名丛，并远销南洋。

六、治病救人白鸡冠

"白鸡冠"之名来源于一个传说。一天清晨，武夷慧苑寺的"笑脸罗汉"圆慧荷锄来到焰岗茶园锄草，突然看见一只凶猛的山鹰要捕捉白锦鸡的幼子，白锦鸡奋力反抗，被山鹰击伤。圆慧挥锄赶走山鹰，救下了小锦鸡，但此白锦鸡却因伤势过重而死，圆慧把那白锦鸡埋在茶园里。

第二年春天，埋白锦鸡的地方居然长出一株与众不同的茶树来。淡淡的叶子，绿中带白，片片往上卷起，形似鸡冠。圆慧采下一些茶叶，精心制作后用开水泡开，一股清幽的兰花香气，非常独特，饮下令人心旷神怡。笑脸罗汉圆慧便将其呼为白鸡冠。

相传，明代就有白鸡冠。当时，一位知府大人携家人经过武夷山，住在武夷宫。他的儿子突然生病，肚子胀得很大，吃什么药都无效，知府大人心急如焚。一天，寺庙的僧人送茶给大人喝。他喝罢觉得口感极佳，就给患病的儿子喝，并问："这是什么茶？"僧人答道："白鸡冠。"

随后知府一行重新启程，途中，儿子的病忽然痊愈。大人恍然大悟：这定是那茶的功劳！于是向僧人索要一些白鸡冠，进献给皇帝。皇帝喝了十分满意，并下诏让僧人守护好茶，每年赏赐百两白银，四十担粟。从此，白鸡冠成为御茶，直至清代。

七、金龟下凡作奇茗

有一年，御茶园里震天的喊山祭茶的声音，惊动了天庭玉帝仙茶园里专门为茶树浇水的金龟。这老龟原在青云山云虚洞里修炼千年，原想成了正果后，上天也可谋取一官半职。没想到上了天庭，那无情的玉帝老儿却派它专门为仙茶园茶树浇水。开始他倒也觉得清闲自在，时间久了，却也闷得慌。

这天它猛然间听到人间传来"茶发芽，茶发芽！"的喊声，不禁偷偷地跑到南天门往下偷看：只见武夷山九曲溪畔御茶园里，正在祭祀茶神。红烛高照，金鼓齐鸣，茶农们齐刷刷地跪在地上，顶礼膜拜。金龟看到凡人对茶如此敬奉，不由得啧啧称赞。一想到自己长年在天庭事茶，却无人问津，气就不打一处来。"罢了，罢了，我这千年金龟还不如人间一株茶，我何不也到人间去作一株茶呢！"叹罢，老金龟铁了心要寻找一处安身之地。它眼光扫遍武夷山九曲三十六峰，看到山北牛栏坑奇峰突兀，千岩竞翠，岩下土壤肥沃，山泉涓涓，牛栏坑内满目春色，一派生机盎然。凭着老金龟长期事茶的经验，它认定这里一定是茶树生长的绝佳之地。"对，就到那里去做一株名茶。"主意已定，老金龟运起神功，口吐甘霖，武夷山顿时暴雨如注，千崖万壑间山洪携着泥石沙土到处奔流。金龟乘机变成一株枝叶繁茂的茶树，随着泥石流顺势而下，到了牛栏坑头杜葛寨兰谷半岩处，老金龟收起神功，止住身形，扎下了根。

如今，作为武夷山四大名丛之一的水金龟，其树皮色灰白，枝条略有弯曲，叶长圆形，翠绿色，有光泽。成茶外形紧结，色泽墨绿带润，香气清细幽远，滋味甘醇浓厚，汤色金黄，叶底软亮。武夷奇茗冠天下，水金龟属半发酵茶，具鲜活、甘醇、清雅与芳香等特色，是茶中珍品。

八、众仙幔亭宴乡民

传说秦始皇二年（公元前245年）八月中秋，武夷君、皇太姥和魏王子骞等武夷山十三仙人，在幔亭摆酒设宴，款待开山有功的武夷乡民。

这一天赴仙宴的乡民们欢天喜地地翻过九条岭，拐过九道弯，越过九曲溪，来到幔亭峰下。但见山巅松柏接云青，石壁荆榛挂绿藤。万丈巍峨峰岭峻，千层悬削壑崖深。哪里有路上幔亭呢？大家正在疑虑之际，忽见一位银须老者现于云端。只见他手臂往空中一挥，忽地现出一道七彩长虹，变成一条彩虹云路，慢慢伸至峰脚。

乡民们既惊且喜，蜂拥上桥，到了幔亭峰。眼见幔亭峰上琼香缭绕，瑞霭缤纷。瑶台铺彩结，宝阁散氤氲。仙鹤声传霄汉远，凤凰翎飘彩云光。玄猿白鹿随隐见，金狮玉象任行藏。更有那幔亭屋外奇花散锦，彩虹桥边瑶草喷香，真是人间天堂！

乡民们看得入了神。不一会儿，十三仙人已着盛装，驾着祥云，步出彩屋请乡民入宴。酒宴桌上有龙肝、凤髓、熊掌、猩唇，玉液琼浆，香醪佳酿，异香扑鼻。真是珍馐百味般般美，异果佳肴色色新。亭中天香袅袅，红烛高照。忽闻亭中钟鼓三响，仙人传话："诸位男女乡民，按东西两边依次入席。"席间笙歌悦耳，弦管声谐。众仙娥、美姬舞袂蹁跹，欢歌助兴。鹦鹉杯、琉璃盏、琥珀钟、水晶碗——满斟玉液，连注琼浆，仙凡欢聚，共同祈祷武夷风调雨顺，五谷丰登，新茶飘香，百姓康乐。

不觉间天色将晚，山色昏蒙，乡民们已酒足饭饱，便依依不舍向众仙躬身拜别。说来也巧，当最后一个人走下虹桥，一阵狂风刮起，紧接着暴雨倾盆，只听得"轰隆"一声巨响，虹桥已被风雨打成片片残碎，在狂风骤雨中全部飞插进二曲到四曲左边的山崖岩洞中，那就是我们现今游九曲时所见的虹桥板。

待风停雨歇时，人们再往幔亭峰看去，那里依旧是绿柳似拖烟，乔松如泼靛。绿依依，绣墩草。青茸茸，碧砂兰。哪里还有彩屋众仙的踪影？

虹桥断后，武夷乡民再也不能上幔亭赴仙宴了。如今，到武夷山游览的人，远在数里外就能看到"幔亭"两个遒劲有力的白色大字，那就是当年众仙人大宴乡民的所在。

九、梁章钜与武夷茶

道光二十二年(1842年) 春，林则徐的挚友、江苏省巡抚兼两江总督的梁章钜因病从任上请假归里。他所著述的《武夷游记》二卷，文字隽永清逸，脉脉乡情跃然纸上，他是福建长乐县人，但爱武夷有如爱其家乡，情系祖国的大好江山！这位于鸦片战争期间先后在广西、江苏等地抗击英国殖民者的爱国封疆大吏途经浦城时，曾经给他的门生——福建巡抚刘鸿翔写了一封信，极力反对开放福州为通商口岸。

他提醒刘鸿翔说，英国殖民者意欲以福州为跳板，攫取当时已久享盛誉的武夷茶叶，甚至企图收买武夷山，其野心既已昭然若揭，应该洞察其奸，奋力予以制止。他在《致刘次白抚部鸿翔书》中愤然写道："且执事亦知该夷所以必住福州之故乎？该夷所必需者，中国之茶叶。而崇安所产，尤该夷所醉心。既得福州，则可渐达崇安。此间早传该夷有欲买武夷山之说，诚非无因。若果福州已设码头，则延津一带必至往来无忌。"信中所说"延津一带"泛指南平市（古称延平)邻近盛产茶叶时的闽北诸县，实指"尤为英夷所醉心"的武夷茶的产地——崇安。这封信披露了一则逸事。由此，人们得知名震中外的武夷山还曾有过一段险遭被典卖的辛酸史。

梁章钜书信中的上述诤言绝不是危言耸听，他在信中还谈及发生在七年前（1935年）的一例掠夺武夷名茶的未遂事件。当时尚未爆发鸦片战争，但英国殖民者已公然践踏我国的内河航行主权，觊觎武夷名山和武夷名茶。他写道："某记得道光乙未年春夏之交，该夷有两大船停泊台江，别驾一小船，由洪山桥直上水口。时郑梦白方伯以乞假卸事回籍，在竹崎江中与之相遇，令所过塘汛各兵开炮击回。则彼时已有到崇安相度茶山之意，其垂涎于武夷可知。"按，台江是福州市靠近闽江的商业集镇，由此出发，上溯闽江，从洪山桥驶经水口，一天多即可到达延津，再循闽江支流，经建瓯、建阳就可以到达武夷山下的崇安县。信中所说的英国殖民者企图"到崇安相度茶山"确是可信的，除此之外，地方志还记录着鸦片战争前夕英国商队诡秘的行踪，其中除了非法抛售鸦片，必然有包括窥探茶山在内的各种不可告人的目的。如民国《福建通志》的《通纪》卷十六载："查明上年(即道光十九年）十月间，有洋船一只，抛泊大坠洋面，经舟师开炮轰走，又有洋船三只，泊在梅林洋面，经舟师轰击，狼狈逃驶……又十二月初六、十六等日，有洋船复来游弋，即时督率师船轰击追逐，该洋船立即驾逃。"

梁章钜驰函给福建巡抚刘鸿翔之时，由于清廷腐败，在鸦片战争中已屡速败绩，正在酝酿缔结和约，向英国开放包括福州在内的五个口岸。梁章钜为之忧心忡忡，他担心福州口岸开放后，武夷山随之遭受厄运。因此，他在例举了鸦片战争之前英夷早就觊觎武夷的行径之后，就力陈开辟福州口岸之非。他在同一封信中大声疾呼："此时该夷气焰视十年前更甚，得陇望蜀，人之常情，况犬羊之无厌乎！此局果成，其弊将有不可弹述者！"忧国忧民之心，跃然纸上。

《福建通志》载："道光二十二年(1842年)七月英师犯江宁，总督耆英、钦使伊里布与英人成和，以广州、福州、厦门、宁波、上海五港口为通商码头。上因福州省会，饬以泉州换给，卒不果。"梁章钜《致刘次白抚部鸿翔书》的记载则更为详细，他在信中提到曾经有过的"四口通商"和"五口通商"之争。"四口"指江苏的上海、浙江的宁波、福建的厦门、广东的广州，即每省一地。这是鸦片战争失败之后议和中的一个方案。但英国殖民者坚持在福建省增辟福州口岸，即五口通商。而对增设福州口岸一事，民众极力反对，官吏聚讼不休，朝廷游移于正反意见之间，反复无常，梁章钜则力争不可增辟，他坚持认为，福州口岸开放之后，"该夷欲买武夷山之说"将成为不可避免的事实。他在同一封信中说道："探闻江南大吏以千万金钱与英夷议和，许其于江南、浙江、福建、广东四省设立码头互市，业经奏准。呜呼！此乃城下之盟，不得已权宜计。……忽闻英夷复欲在福州添设一码头，执事已为据情奏请，不胜骇愕。……继闻此事已奉旨再三驳饬……为之额手称庆。乃不数日，又闻执事以此事顶奏，求顺夷情，则诚某之所不解也。""乃江南、浙江、广东，每省只准设一码头，而福建一省，则必添一码头以媚之，此又何说以处之？且江南之上海、浙江之宁波、福建之厦门、广东之澳门，本为番舶交易之区，而福州则从开国以来，并无此举。"为此，他力排众议，吁请朝野合作，反对开放福州口岸："愿执事合在城文武各官，及在籍老成绅士，从长计议，极力陈奏，必可上邀谕旨，下洽舆情，使英夷知中国不可以非理妄干，自当帖然听命。"

这件逸事发人深省。如果说，鸦片战争之前，英船还是偷偷摸摸地潜入内河，刺探、窥伺武夷；鸦片战争中，英国殖民者竟然妄图凭借不平等条约，以福州为跳板，染指武夷山，掠夺中国武夷名茶的生产、经销主权。难怪当时身为江苏巡抚兼理两江总督的梁章钜痛心疾呼。

民国《崇安县新志》在"武夷茶"一节里写道："英吉利人云，武夷茶色红如玛瑙，质之佳过印度、锡兰远甚。凡以武夷茶待客者，必起立致敬，其为外人所重视如此。"至于武夷茶获利之丰、销路之广，志书也多有论述。

民国《崇安县新志》载："康熙五年(1666年)中，茶由荷兰东印度公司输入欧洲，及康熙十九年，欧洲人已以茶为常用之饮料，且以武夷茶为中茶之总称矣！"英国人有一句口语说：What would the world do without tea?（如果没有茶，世界将怎么办？)以武夷茶为总称的中茶在鸦片战争之前就进而名倾英国，已被一般人所尝用了。

即使到了五口通商之后，武夷茶出口英国仍是一桩大买卖，"有增无减，1880年从福州出口的乌龙茶和工夫茶，就达80万担之多"。

梁章钜规劝巡抚刘鸿翔要体察民情、力阻开辟福州口岸的信函，执论严正，充满忧患意识。遗憾的是，刘巡抚未予重视，或者说不能全力促其实现，以致福州终被辟为最后的一个通商口岸。又由于地方当局的姑息和殖民主义者的得寸进尺，道光二十四年(1844年)，发生了英国霸占乌石山积翠寺的事件。福州人民忍无可忍，奋起反抗，刘鸿翔后被弹劾为软弱无力，迁就英国殖民者，遂被朝廷免去兼任闽浙总督的职务。"归咎于当事之不善处分，刘督遂因此被劾去。"对此，梁章钜曾在事后回忆说："余不惮倾倒言之。次白虽不以为忤，而迄不能见诸施行。顷闻英夷竟相挈入省城，与大小官吏通谒，且占住乌石山上之积翠寺，设牙旗鼓角，民间惊扰，官吏不知所为。至是始追咎于始谋之不臧，而不幸余言之中矣，悔何及矣！"

慑于刘鸿翔被朝廷罢职，更慑于人民的反抗情绪，英国殖民者妄图"得陇望蜀"、霸占武夷山的行径遂告搁浅。武夷山幸免蹂躏，梁章钜力主护卫武夷山的言行亦功不可灭。

第五节
芒履何缘到武夷，
拣芽相饷等琼枝

武夷在唐代已成驰名景区。唐玄宗派颜行之诏封为"名山大川"。历代文人墨客均以游历武夷为一生幸事。清代邑人董天工《武夷山志》收集历代文人武夷游记近百件，本节择明清以来几篇武夷游记，结合现代茶旅景点介绍，引导读者做一次纸上"武夷之旅"。

一、古代武夷山游记

武夷杂记 凡二十八条

明·吴栻

武夷，骨山也。磅礴一百二十里，外山始有肤。自冲佑由九曲至灵峰，然后步折东北，历火焰、北斗诸峰而返，往复共五十里，得北山之概焉。南山浅逼，不逮

玉女峰

其半，而烟村云市，来往皆古德高年，太古风在在可想，然犹与肤山远。大王峰插东北矣。

小桃源，武夷之最佳处。三仰、天壶、苍屏三山环抱中，阡开三百余亩，意目之寓具焉。四面非猿臂鸢肩不度也，仅溪水出处有山口峡窦，纵身两折以入，使能一丸泥对石扇，则耕云樵月，何异避秦桃源？然志不载，游人亦略之。噫，知己之难不独人也。

冬山雪后，游径尽闭。百尺树危枝俱定。三十六青螺了了可数，一片妙明空寂境中，复现出苍萝翠竹，碧水丹山。夜霁时，明月又来照积雪上，吾谓以世间百年，易此山中一日，亦不为过，遂题其室曰"愿易"。

一日春雨，三日泉飞，乃荡舟作观瀑游。群峰弄霁，百道摇阴，窜者、逗者、屈而连者、乱而并复奔于空者，断烟续碧，各尽其态；喷动岩花，幽香尽发，思之愈觉徐凝诗恶。武夷见自《封禅书》，而《列仙传》又云：籛铿进雉羹于尧，尧封彭城，故谓之彭祖。茹芝饮瀑，隐于是山，寿及七百七十七岁，有子二人，曰武、曰夷，亦有道士，为众所臣服，遂因以为名。又考古秦人《异仙录》云：始皇二年，有神仙降此山，曰："余为武夷君，统录群仙，受馆于此。"史称祀以干鱼，乃汉武时事也。今汉祀亭址存焉。嗣后，唐宋御帖及金龙玉简之属，乃武夷余事。

春山霁时，满鼻皆新绿香，景象冲融，神情俱发。访鼓楼坑，十里桃花，杖策独行，随流折步，猿鸟不惊，春意尤闲。遇彭东山谈避世法。晚归时，花月溶溶，溪山寂寂，目接皆新，赏心复别，亦一胜事。

山中采茶歌凄哀清婉，韵态悠长。每一声从云际飘来，未尝不潸然坠泪。吴歌未能便动人如此也。

武夷茶赏自蔡君谟始，谓其味过于北苑龙团，周右文极抑之，盖缘山中不晓制焙法，一味计多，徇利之过也。余试采少许，制以松萝法，汲虎啸岩下语儿泉烹之，三德俱备，带云石而复有甘软气。乃分数百叶寄右文，令茶吐气；复酹一杯，报君谟于地下耳。

泉出南山者，皆洁冽味短，随啜随尽。独虎啸岩语儿泉浓若停膏，泻杯中，鉴毛发，味甘而博，啜之有软顺意。次则天柱三敲泉，而茶园喊泉又可以伯仲矣。余尤可述，圣水泉定是末脚。

北山泉味迥别，盖两山形似而脉不同也。余携茶具共访得三十九处，其最下者亦尤硬冽气质。小桃源一泉，高地尺许，汲不可竭，谓之高泉。纯远而逸致，韵双发，愈啜愈入，愈想愈深，不可以味名也。次则接笋之仙掌露，而仙掌碧、高泉黛，碧虽处亚，犹不居语儿之下。譬之茶，高泉，岕茶也。仙掌，虎丘也。语儿则松萝，带脂粉气矣。又次则碧霄洞丹泉。元都观寒岩泉较之仙掌，犹碧之与黛耳。九星泉带阴隰色，雪花泉多沙石气。人传冲佑二龙井火食泉也。

宋淳熙间，山之盛莫逾武夷，次则云谷。云谷多因访朱子者以访山，武夷则有访山者而访朱子矣。志云：清溪九曲，其最狭处两岸古木几交，舟过不觉天小。今寻其说，无有是处。茶园朱希古年八十一，语余曰："三十年前，两岸古木犹然，二十年间觉渐稀，十年来则如是露肤脱发矣。"噫！是谁之愆欤？可以言存，可以禁止，使山川千古钟灵而不泄，及物及人，政莫善焉！此而不为，那堪为者。

仙船不独一艇，又不独仙船也。凡绝壁人迹不能到处，往往有枯楂插石罅间，以支舟车机枢之属。余颇疑上古道阻未通、川壅未决，人悬岩居穴处时，夷落所遗。至若二千余载而不坏者，缘其物皆悬崖驾壑，只受风不受雨，此理之所必然也。张茂先云：千年枯木根可以照怪。此或有用，人莫能得耳。

夏晓，余他山尝寓焉，独武夷为佳，何也？凡山不峻不怪，而武夷峻；不断不奇，而武夷断；多连则庸，多平则腐，而武夷无庸腐态。是以千螺万髻含晓日，皆带金束碧以待云来，争显及不相下时，乃化出恒沙数，五花锦球滚白玉，地上微风一过，复作黄云衰草色矣。

忽有五云插群峰中与之争耀，一似隐屏，一似玉女，余无所似，更怪异动人。峰上俱有宫观、林岩、竹木之类。急喊漪公出，定彼不信其为云也。许久不变，飞鸟惊回，群猿骇叫，知亦不常有者。闻海蜃常吐气作市，无非水族群动，得山川潋滟、日月精华，不能秘以为正，乃复泄而成异。夫山之深者亦有怪鬼、奇神、虎豹、蛟龙、虫蛇、罔象之属。海既能尔，山岂不然。

白云洞口见三仰。三峰与三教、并莲犹似肩立争胜，寻丈未肯降者。登顶则群峰伏地，高者亦罄折耳。

风障登高，云阵眺远。然余峰岩之未登者，仍十有二，乃与僧佛密约，以中秋日始，至重九止，凡二十四日，子瞻谓之登眺天，两日一峰，更好了此公案。至是揩藤编屦，日无余暇。

更衣台见大王峰，隐隐挂青汉间。贾勇先登，要在得楚，乃同黄冠周尔因、符密携缏数百丈，直登其巅。晴空如涤，纤云不生，三百里外延津在指顾间，目极圜苍，眺赏第一。而尔因复检得古砖一角，坚莹如碧，秦时物无疑也。乞来作砚，聊压铜雀瓦火气。

符密尝称：会真树大十三抱。及见幔亭礼斗坛二十抱者，乃曰：今后呼彼为曾孙矣。

赤霞洞随岩高下，刊嶂叠屋，如燕巢之附梁而栖。居层累峰，蛎之房似之，颇减悬瘿露锷之观也。

张既无偕母隐钟模岩，蒙头赤足二十余载。时余登鼓子峰，会彼坐拂云石上，内足于怀，萧然无事。

铁郎、杜葛二寨，自宋元及国初，往往为山寇所据。独刘官乃御寇寨也。相传宋刘衡与其子甫集义兵于此，以卫乡邑。今诸峰凡有梯者，皆乱世之安居也。然恨无十亩肥壤，小桃源安得不称第一。

三花岩

黄道人凿一龛于纱帽峰上，仅许蒲团，拥破衲独坐耳，为记一首。傍构厨、湢十余楹，织竹为垣，户以通出。入秋，花浙沥，俱不辨名，徘徊嗟赏，不觉日暮。

春见山容，夏见山气，秋见山情，冬见山骨。

北斗峰北五里，乃翁道人乔所隐庐也。庐上巨石若垂天之云，左右桃李数百树，果蔬茶芋悉取给于力。子三人，乐从其父之志焉。余喜以熏豆馈之，怪然一笑，曾不识为何物也。

林异卿曰："子居山一载，于山厚矣，亦有不足乎？"曰："有三厄二恼，

鹰嘴岩

自国朝来，未辱封登，故斧斤日寻，剥肤削发，迄今未已，而无厉禁，厄一；游人勒诗题壁，水光石至凿'修身为本'四大字，黥劓青山酷至于此，厄二；黄冠懵于探讨，又复惮于指引，游人每至天游，一览而返，诸胜处多未及焉，厄三。漪公去山而无为山灵留者，恼一；林道人称三教先生，扣之无所得，恼二。虽然，不足者皆人也，山则无不可。"

峰之在溪上者，独南山天柱、玉女、兜鍪三峰，皆上搏不可竟，搏上复嵌巇不可庐，故无凿阶造梯之事。余皆反是。两山之内则又不然，非宽外峰数倍不庐焉。盖专奇于山而逊于山，亦乘除之势然也。总凡一椽一瓦皆自取妍，及登三仰，则诸峰皆南面前趋，而已为压队人矣。出山从建溪入昼江，访曹能始。在舟七日，其所得于山者，历历若觌也。日化地迁，而见历历者于想象，笔可述乎？家兄弟辈多有奇尚之好，乃复录此以寄于家，一使知我所在；二使知山水之联络相发如此；三使了然杖履道，故寸寸不失正，如卧游之路程也。然笔多不详，概推可矣，山灵岂屑求多于我？

初入山时，目力心神皆为诸胜所压，若恾恍有神，每不能起首。久别差敌之，又久则胜，久则胜负俱释，直造于恬莫之境，而后人与山莫逆而两忘矣。忘生于久，愈久愈忘，忘至如父子、兄弟、朋友时见则忘，别则思。忘甚思，亦甚然。余与山称忘甚矣，不识作何相思，穷天极地，无有已时。

游武夷山游记 凡四则

明·徐𤊹

万年宫至茶洞

道经称天下洞天三十有六，吾闽居其二。第一为霍童山霍林洞天，第十六为武夷山升真元化洞天，皆神仙窟宅。霍童僻处长溪，游屐罕至。武夷着崇安之南，一苇可航也。

岁乙未，仲弟兴公有吴门之役，余遂附舟往游。先期报陈惟秦、陈振狂与俱。以八月十三日发白龙江，十六日次渊溪。振狂以病留，赋诗而别。廿一日次延津，廿四日次建安，访友人陈季迪。会莆山人吴元翰自楚归，客季迪斋中；先数日，元翰偕林太史咨伯泛舟，至武夷五曲而返，游兴未尽。至是，余挟之俱往，元翰欣然登舟。

二十八日次建阳，九月朔日，未及武夷数里，从舟中望大王、狮子诸峰，岿然天表，客皆踊跃称快。既而舟至溪浒，遂舍舟登陆，行松阴中，苍翠欲滴。越里许，始达万年宫，中祀十三仙，前为汉祀亭，余与诸客拜其下。兴公谈云窝之胜，津津即欲去，以将夕，不果。遂至幔亭峰麓一水精庐，室不甚宏敞，而幽寂可居，乃吾乡陈宪伯先生所创，延山人项一闲者居之。山人谓棋盘石去此不远，命山童为向导行榛莽中，以衣蒙面而往。石在幔亭峰左方，广数十丈，上侈下锐，其平如砥。按志：棋盘石在三层峰下，此石疑即汉祀坛，武帝遣使祷祀于此者。盖山人误称云。

是夜宿方丈中。次日，羽流具酒脯，舣舟以待。由一曲而进，过虎鼻、水光二石，兜鍪峰壁立云际，二曲玉女一峰娟娟秀媚，而妆镜台倚于其侧。入三曲过小藏峰，四曲过大藏峰，虹桥板乱插石罅，架壑船、仙蜕岩俱历历可辨，铁板嶂、翰墨石、试剑石、钓鱼台、升日岩、车钱岩、勒马岩，丹崖前拥，翠壁后随，左顾右盼，应接不暇。至三杯石，命取酒，各引满三酹而去。过金鸡洞，洞下为卧龙潭，潭水澄泓，清碧如染，九曲溪最深黝处也。天柱峰、更衣台屹立溪浒。舟次五曲，舍舟至紫阳书院，谒文公遗像，读陈伯孺、谢在杭、兴公弟壁间诗。郑继之先生诗题小阁中，笔力遒劲可爱。出院，取路入云窝，石磴盘旋，蒙茸蓊蔚。过伏羲洞，洞为荆蓁所塞，狐兔穴其中，幽不可入。经数折而入云窝，旧为宋陈丹枢修炼之所，近吴航陈司马公结庐栖隐其中。委房曲榭，画栱朱阑，种种臻妙，而石门、石洞、茶灶、丹炉宛然具在。铁笛亭俯瞰清溪，研易台深匿岩隙，此又云窝中最奇境也。窝在大隐屏之下，接笋峰之左，城高岩当其前，朝昏云气，顷刻变幻，遂成山中奥区云。堂之右折，径达隐屏之麓，石磴玲珑，松萝掩映，骇目赏心，一步一颓矣。数百武而至屏下，有静室数椽，道流居之。其下有门达茶洞，洞即接笋、天游诸峰之合而隙者，中广五六丈，削壁周遭若城垣然，又一奇境也。

由接笋峰至小桃源

既至茶洞，接笋峰在眉睫间，而三梯相续，高可十余丈。时日已高春，余谓当乘兴往，客皆衣短后衣，贾勇而上。梯尽左折，凿石为径，仅容半趾，以铁縆縻崖腹，握縆附崖而行。数武径绝，接以二木梁，梁广与径等，而径实梁虚，履之尤惴惴，过此稍夷，始伏地少息。起登龙脊，龙脊者，两峰夹涧当中，有石隆起，广不盈尺，长十余丈，蜿蚰而上，凿其脊为级，行者不敢左右视。越里许，达怀仙馆，道人刘隐虚、廖东阳、吴中虚出肃客。馆后为仙奕亭，亭外有精舍数楹，隐虚修习之所也。兴公谈南溟靖险不可度，余与惟秦跣而往，岩壁悬绝，从岩半劚蹬道，历百数武始至，手无所援，扪壁而行，险视龙脊为甚。洞中祀汪丽阳、刘端阳像，而刘蜕瘞其后。是夕，归宿小楼，猿鸟无声，复绝人世。

初三日，别诸黄冠，同刘隐虚于龙脊谒汪丽阳遗蜕。汪，贵溪人，嘉靖间缘藤而上，筑室以居，盖修炼而有得者。其诗亦多奇警可传。既抵峰麓，遂取路寻小桃源，皆绕溪缘壁而度。入谷中，乱石横截谷口，有石相倚为门，不得方轨，涧水潺湲其下。过石门，忽然开朗，桑麻满野，鸡犬相闻，俨然一村落也。其中广袤可二十余亩，高峰四周，流泉绕舍，松杉桧柏之属，交荫盘郁，真所谓"别有天地非人间"者，何必武陵源始堪避世也。负山为陷石堂，相传山多巨石，宋天圣间，一夕掊于雷，故石多纵横自成经纬，即所经石门是也。余与诸子相期结庐与此，以托业怡生，不觉为之踟蹰，为之屡眷矣。是夜归宿云窝，而友人江仲鱼自崇安来会。

由天游观至鼓子峰

次日，余以事之崇安，同游诸子已先登天游，独隐虚道人宿云窝迟余，余薄暮始至。晨起，微雨不绝，与隐虚冒雨而登。绣薄丛于路侧，竹柏荫于层石，经五里始至观。观处九曲之中，溪水回环，三十六峰皆可指数，接笋、龙脊对峙其前。蹬路屈曲，梯级悬绝，白云乱飞，丹枫如染，视身在峰上，更为殊观。既出天游，元翰以病卧云窝。余与诸子取道入鼓子峰，行数里，过桃花涧，山人吕栖谷荷锄田间。吕故善仲鱼，遂邀至其庐，土屋茅檐，居然硕人之致。以薄蹄索诗，遂各题诗为赠。鼓子峰之前有三石相并，霞举云横，森秀入望，所谓三教峰也。将至院，石壁幽篁，袤亘半里，精舍皆构峰隙中，路穷则以木栈相接而度。有石如鼓，履之"逢逢"有声，故名。由西而折，有梯二十余级，登梯入吴公洞，洞乃吴公蜕处。惟秦由石壁侧足而入，余与诸人不能从。是夕宿院中。道人二十余众，焚香诵经。余辈亦随众参礼，夜分始罢。

初七日，作诗赠安道人，取支径入玄都观，观荒芜，院门不扃，丹炉久阒，为之怃然。过三教峰、猫儿石、毛竹洞、邱公洞，仍返云窝，为元翰谈鼓子之胜。

大王峰

由水帘洞至大王峰

　　诸客复谋为水帘洞之游，仍寻天游旧路至半岭，转山谷而行数里至山当庵，羽流数人居之。庵在三仰峰之后，过此皆行山峡中，景似小桃源而幽邃过之，杂树交阴，稀见曦景，涧水淙淙有声，余名之曰流香涧。涧蜿蜒数里，两岩削壁，高数十丈，划然中开，仅同一线。涧流其下，而清风扬扬，山壑俱响，余名之曰清凉峡。此地林障秀阻，人迹罕及。考之志乘，未属品题，为之低徊者良久。又数里，过火焰峰。峰悉赭，壁若红云绣天，自此皆行松阴中。过还元庵，道者出朱柿饷客。地产仙茅，服之能益寿。余解杖头，易数百根，以寄薛炼师，盖别时所托也。仰视水帘不远，行半里，从石窦中出。将至洞，谷声与人声相应。山下有梯，亭之上有池，即水帘所汇也。洞壁高数十丈，穹窿如屋，延袤里许，石皆赤色。登石蹬数百级，为三教堂，右折为道院，水帘泻其前。时久不雨，飞沫稍微。左折缘石壁侧行数百武，至升仙台，观广仙遗蜕，首微左顾，齿发犹在，趺坐龛中。盖嘉靖间坐化者。会道士李琼谷，乃南阳人，仪貌甚伟，谈内养之术亦有可听。

初八日，由水帘洞出赤石街。无舟，众皆解衣以涉，复至万年宫。仲鱼辞归崇安，隐虚辞归接笋，余与惟秦入止止庵，拜白真人像。取道登大王峰，自麓至峰三里，榛芜蔽翳，数转而至梯下，梯三十二级，岁久朽腐。惟秦先登，余尾其后，由右折数十武，拜张仙蜕，既而兴公亦追至。余以梯朽不令其登，遂同抵山麓，过会真观，登楼谒徐仙蜕，齿舌尚存。初九日，兴公别诸客度崇安，余与元翰、惟秦亦买舟归。游凡阅月，在武夷山中者十日，得诗若干首。

武夷导游记 凡二十七条

清·释如疾

客有自匡庐来者，言天台、庐阜大不可狎；雁荡、龙门怪不可居。逾险数百里游之难，质予武夷游事。予曰：子之游者，游心乎？游目乎？为三十六峰罗笼，将以丘壑较高深乎？抑胸有磊块，借山川以淘汰乎？客曰：武夷居洞天十六，游者以为仙都，灵异当与蓬莱并观。予曰：子之言，穷响以声者也。吾语子游：夫武夷之峰，飚扬族举，棋置林立，九曲束之。予以为聚沙之大者，若其夏云为之经纬，朝霞为之幌幔，时花为之青赭。予以为设色之茜者，若风晨月夕，鹤唳猿啼，雪曳云牵，水车铁马。予以为腐变之奇者，至其仙变权舆，游记多有，以故不论。略以游之途径，曲之始终、峰岩之位次、洞石之疑似著于篇，使游者览焉。

从万年宫来，一峰孤立霄汉，同根卓然，不可逼视者，大王峰也。其渡则兰汤，舟头猿鸟皆能接人，自是舞棹呈桡者，具有四知七凿之见。从兰汤南渡，一峰翻崖返脊，若为大王之爪牙者为狮子峰。而大、小观音岩于中无佛，游人未尝过而问焉。望一方石临水，其水止蓄渊然，鱼鸟及镌镵可上下点画察，故渔人舟子皆知以水光石称。兜鍪峰魋结箕踞一曲之间，望铁板嶂销其锋镝，对翰墨石磨其隃糜。杜工部云："将军不好武，稚子总能文。"拈为此山传赞。

勒马峰，亦名镜台，盖为玉女所俯临也。借清流泻注之磨淬，露鉴湖澄澈之光莹，形就而入者，自是太初古雪情面。玉女峰视镜台为几案间物，雾鬓风鬟，插花临水，若相照焉。是峰麓南折，出有微径，可通凌霄、三髻，虎啸诸峰，已为鼪鼯狙猴所据。村尽径穷处，常有跫然謦咳之音。从虎啸可二里，其风窾然，曰风洞，一线天在焉。肃而入，声移色夺，咫尺天门，见划霓碧磷，长年阿閦。洞外取道过江墩桥，可通九曲，然游人多自崖而返，循玉女故道。隔水望仙榜岩，虫文鸟篆，古色陆离，而列玉女峰为溪南二曲之首。其山连延断续，盘纡纠纷，极意低回，不能咸纪。稍入为仙馆岩，岩尽为小藏峰。盖所藏架壑船者，云航翼然，霞棹轻举，若欲傲长风引去，望之如适莽苍，仰止樊然。

宴仙岩、鸣鹤峰，游人多不记者，大、小藏秘之也。大藏峰龃龉巉立，自仙馆及此。五峰相为骈枝，所谓小山岌、大山岠也。山善于蓄藏，有卧龙潭，金鸡洞之属。相传神物出没其间，盖臆说也。若其枯槎、机杼眩人耳目，亦可怪矣。登鸣鹤峰、宴仙岩，望升日、上升、车钱诸峰，可数云树权桠。隔溪若接，大抵会仙岩至仙游，与大藏等五峰垳，始终于三曲、四曲之间。

卧龙潭之北有钓台，青藤引纶，红叶设饵，狞龙只离钩三寸，千年垂钓，空捞明月。潭之西有泊庵，庵视李仙岩为天马，爱其无羁。睥齐云峰之肤寸，怒其触石吐吸神芒，饕餮苍茜，清波启扉，朝霞刷色，荡荡无名，悄然自得。过一渠水，平畴数亩，楸柏深郁，云是潘遇所居。蓬蒿之下，秋风萧瑟，独喊泉悠然，时或有唯呵之声。过碧云桥为更衣台。台，文峰也，门墙、鸡犬卓尔天汉，俯视希真岩、金谷洞，在一条白练中。

天柱峰与文峰并峙，冷然恬退，藏固自若，无门墙可窥，无阶级可拾，徒让骖鸾驾鹤之俦。朝暮登临，与造物者游耳，其隐德如此。

从天柱北麓循崖数百武，为平林渡，草丝木条，云山俱美。禽鱼之天放，猿狙之雀跃，似以填颠侮人，使游者见之知其不入紫阳讲社。自平林东北，奇峰以十数，隐屏最大，摧嶉成观，分峦并趾，炉峰失火，断石生烟，瑶草将枯，玉华坠露。山川之美，岿然而有余矣。

从隐屏石旋经云窝，至仙掌峰麓为五曲之尾。泉以人名，石以物喻。如灶石、茶洞、司马泉之属，皆不惬奇观然。予多其居人简朴而文善、得颓岩瘠冈梗概（伏虎岩壁有陈幼溪勒"司马泉"三字）。凡游人未入山者，先挂接笋峰口吻，及登而眩之，息而慑之，退而眷恋之，一片惊心，缩入箬壳。隐屏之南，如晚对、二城高之峰，游人采焉，盖与隐屏相为主客，争奇负峭者。若与城高对峙者为苍屏峰，六曲也。峰之下问渡桃源，隔溪波窣诺诺者为响声岩。披芒剔棘，踯躅回环，游人往往迹桃源而不得也。源之外草树樊芜，比至，石门设焉。侧而入，鸡犬桑麻，依稀村落。枯桃之下，苔薛盘珊稍磅礴。泉之瀄、石之铿，若为游人而乐作焉。寻所谓石堂，已烟灰霞烬矣，衣裳俎豆，靡得而记云。

从石门取道登天壶峰，一时喷云泻碧。俯北廊岩，如行琅玕一色中。舟至七曲者，见游人从天而下。

从琅玕岩至通仙桥，折步望鼓楼岩，游者多不往。趋活水洞，洞中人稀境夺，树倒藤枯，蜗涎篆于帘廊，山夔踔于床几。人多接踵而居，亦接踵而去。

从活水洞假攀跻蜿蜒数里，至三隐台。台有知白之庵，无守黑之实，自是迷阳却曲，游者互有同异矣。过知白庵，芒刃利导，拱魃欺德，若欲援人于黑白之外。

三仰峰远眺

至三仰峰，趺而坐，置千峰于膝，凝瞩倾睐，北山可数矣。杨子云所谓观东岳而知众山之峛崺也。

从三仰降阶，反步过三层峰，取旧路通仙桥而下，云谲波诡，桃花涧之烂熳，含翠岩之复碧，奇正相生，渺不知置身丘壑中。

过通仙桥循崖里许，陟三教峰，问并莲峰道，三峰默然。旁代对者言：紫芝无根，石鼓不响，指南溪诸峰笑倩相对，似有待游人来者。如八曲之廪石、玉蕊峰，九曲之云岩及二曲之揽石峰，佳处领要，得南山之概焉。

从并莲峰西折，越涧蹑蹬百余级，石壁夹道，凝云拥钥。入其洞，长松数百章，攫人彼苍之上。俯烟畴千亩，若可呼龙而耕者，为白云峰。白云而下，右旋数百武，一峰洒然，若以俶诡幻怪为不屑，里人名之曰灵峰。相与尸而祝之，始知三十六峰别有以奇为不足而益之以灵者，曲之观止矣。自是随流取道，返而登于天游。睇星村者，天街之参毕也；九曲者，星河也。洼之激，污之吸，钧天之鼓吹也。左二藏，右三层，立壁在其北，隐屏经其南，天之长府也。烟村霞市，天民之抱布贸丝也。是谓之谈天之游。从天游过立壁峰，其道舛驳，猿鸟骇人于途，若为山灵秘其奥突者。自是以北诸峰，各削壁争胜矣。

芦岫峰

立壁而北，并岭开流。岭下取道渡流香涧。涧为群峰所夹，广可十笏，长千之。芳兰间发，麋鹿同途。水有断涧之声，壑无漏云之隙。行此者，仿佛天门设于平地。涧尽为玉柱峰，削成四壁，其高临天，狙猴千臂之所不能接也。其上所生木皆琼枝，尺寸千载而下不能凋；其种草，观者亦忘衰谢。

是峰麓稍北有泉汇流，盖章堂之源出焉。其水翻瑶潋碧，莎蔓蒙络，潺湲其间，可佐栖逸。溯流至下，章堂有湫焉落，崽眼颀耳，森澍喷欲，不能帘而亦不能瀑，直令盛暑骤足，凄然如秋。人以其水过喧，不久居而去。

刮级至上章堂坞，径幽委俯连山，群峰绮縠绚化。主人匾其庵曰"莫"。岂所谓烟溃霭聚，青青黯黯中耶？

莫庵以北如芦岫、莲花峰、笠盘岩者，竹柏苍青，藤蔓摇缀。予以其径近村落，往往为提鹇挈鹭人所信宿，故其幽怪深邃之奇翻成恒习。

从芦岫少北而东，望玉柱峰而下至鹰嘴岩。断山夹道，委坞移人。见一壁峥然，目为丹霞嶂，一峰烂然，目为火焰峰，自是心目无远，摄于一峰一嶂之间。

稍出有石门，从门内折而北，一壁如玦，水帘也。从壁外视帘，水为壁光所夺，迨背壁视水，而始知帘焉。夫倾湫之水出步仞之丘，则瀑矣。能涎玉沫珠，终始洞屋之外，势为之也。予谓记水帘者，笔孰能不波，至其翻云覆雨之态，人亦未尽于此。与水帘接者为青狮岩，其下有流穿石，高低连延为潭者九，人以为九井，予曰潭也，不得以井称。

从潭下取道至白华岩，凹凸茧云，巉巘冲斗，群峰掩之，瑶林霞蔚。游至水帘者谓山水之奇已尽，若龙头洞之背有九井岩，汲其一井则八井皆动，向所谓九井者盖失之于此。惟栖托好住人别知幽尚，自是以往，桑麻界道矣。

从白华岩返走霞滨岩，望石门而入，陴堭开阖，类文人所施设也。初，予不从石门出谷，将为归路怀新。及其反也，诸峰嫣然，别是一色。岂出时所记，入而非欤！抑心目与境俱化欤！山水移情，昧者不知。

从石门返至火焰峰麓，少折而南，奇峰如簇，以人名岩曰杜辖；以庵名峰曰天心；以峰喻象则为北斗峰，为马头岩，为马鞍峰。形则著矣，恐不惬巉岩削壁之意。

由是登幔亭峰，观三姑石。石亦北山之黠，髯髻鬐松，招人参立，岂其捧心膑眉，袭以奇意效玉女耶？使列之曲中较灵顽，恐不以此易彼。出三姑右膊为换骨岩，岩有梯有穴，穷鞠森黑。从穴中斗折蛇行而上，则有园池、山谷之观焉。予谓：挟仙术者，能脱人骨，不能脱人貌，游斯岩者可与语此。

武夷之山，沙坭石壤，不篱而菊，无人而兰；无合抱之茶，有双干之竹。竹无常处，绝壁断山，如或见之；茶为恒产，桑园竹坞，如或补之。峰外言佳者：鹇之翔，鹿之牲；曲外言致者：鲵之桓，龙之跃。梯者五，栖神导气之士居之；厂者以十数，收文续史之士居之。洞之隈，岩之阿，可家者十而三；带长川，傍连岭，可家者十而六。大而可狩者，幔亭、天游也；怪而可居者，大王、接笋也。若其穷崖断壁，猿狁绝迹，其卒无尾，其始无首，余亦未能得其伦，客试游自得之。

武夷山游记

清 · 郑恭

武夷山，予尝披图按记，不特梦常往焉。乃至精神思虑，简弃一切，恍若与遇者二十有三年。于时，慎庵叔司铎于崇二年矣，辛未夏，始偕仲雅往。至延津犹见阻，仲雅先达。阅月，子乃至，思慕既久，后游难期，于是无峰不登，无梯不蹑，无水不泳，无谷不探，穷搜远诣，攀缘徂栈，上极不测之高，下至幽窨致密，靡所不至。其峰则攒者、凌者、突者、篊者，特立独出者，四面如削者，离而合者，联而断者，龈腭剑戟者，严重者、奇诡者。其峰之色则若红云绣天者，碧玉列屏者，青点黛者，灿聚绮者，浅绛者，黑者，苍者，腻而白者，斑而赤者，頳黑杂者，丹而簇翠者。其洞壑则嵌巉屼嵲者，错缪盘纡者，荫郁绵邈者，冥蒙珍怪者，林藋隐深者。其水则澄淳冲照者，素波白激、奔荡壮猛者，轻湍浚下、分石飞流者，渌潭平渊、回清倒影、游鱼若乘空者。两岸高山前后若塞，帆转棹回又若无际者。其屋宇则凿石开山，因岩结构者，地势夷道、木阁绮疏、凌云晃日者，数椽倚峰末而悬居者，傍俯厂而成栖、联属不假片瓦者，檐隙遥出于林端者，闲堂荫映于泉隅者，步櫺曲房、俯杳眇而无见、仰攀橑而扪天者，若颠坠而复稽者。历探遍赏，究乏图状，逆坂缘絚，垂崖一发，侧径钩溪，石芒峭发，升高降深，无处无之。至于息乔木之繁阴，藉芳草之幽香，览云霞之变幻，遗尘世之涠浊，虽趣有各别，则诸峰之所同也。

大王峰，魁伟奇杰，雄冠群峰，遥望嵾嵾，桀竖丹碧，绮错若攒，图托霄上，层岩俯峭，壁岸无阶，惟峰南崚嶒三出，隙处可梯，梯凡五，其数百五十级。世士瞻梯目眩，投足股栗，鲜有津逮者。历三梯入石门，岩壁阴深，林木致密，嵃岈谽

隐屏峰

闾，窈窅冲妙。登梯至二顶，方鉴池淤。乃有二十级小梯，攀倒垂竹，上绝顶。礼斗坛圮，久无人居，薪蒸筱荡，蒙杂拥蔽，命从人以长刀铲之。丛莽颓而万象出，顾盼遐渊，若飘浮上腾，凌云气矣。

自云窝入茶洞，黛环秀萃。削者为峰，洼者为壑，泻者为瀑，岈者为谷，穴者为洞，亘者为埔。神工鬼斧，摇精悸魂，沁心涤腑，周赏徐思，不履斯地，虚有此生矣。

大隐屏，庄栗峭削，山形四绝，半岩微凸，可步。乃编三梯，凡八十一级。梯尽，缘铁绠，行凸处，径容半蹋，螺旋蟹转，可三四十武，谓之鸡胸。登者巡壅惩惧，目恍失常。过此，接笋、隐屏两峰夹迥中，石磴嶙峋，突起迂回，倾曲两岸．深十许仞，窥不见底。于突处凿磴数百级，磴裁容趾，微涓细水时流磴上，是为龙脊。骑磴抽身，渐以就进，委折而至元元道院。松桧贞蓁，篁笋积翠，屋宇宏整，园圃周遭，眺览清远，势尽川陆。群峰砧崿于眉宇，九曲回缭于儿席，天游一览之名徒虚语耳。

陷石堂为小桃源门户，巨石攒矗，累积倾涧，潺荡其下，势若雷轰。溪侧仅若一门，欹敛而入，四面高峦截鸢，层峰蔽日，桑麻庐井，宛然村落。昔好事者种桃，漫山弥谷，春风骤起，纷红绮绿，益助胜游。予时自天游峡来，俯入绿缛，步径裁通，小竹细笋，蒙笼拔密。虽步无宁履，而开兴引人，皆悦以为安。

更衣台，石磴盘纡八百余级，小梯登台，爰有青松蔚岩，翠筱映峰。其居广闲，其境静清，势本不甚高而幽雅修冽，眺奇簇秀，是斯台之胜也。台与天柱峰连而微断，泉泻于两峰间，峰逼如巷，泉历落以下。

虎啸岩，高峰耸拔，叠嶂四周，度石桥而北，交柯云蔚，霾天晦影。岭路纡折，杳邃无际。其上悬梯若断，高甍凌虚，俯眺平林，烟岚杳冥。嘉遁之士继响岩壑焉。

白云岩，自邱公洞而上，始入佳境。岩半有石大可憩，溽暑都收。左折两崖合而成弄，仅可通人。路在壁上，累石百级，倾侧动摇，继登人见先登者后踵，危惧颠踬，名曰云关。重峰叠秀，青翠相临，精舍结构，下临无地。右壁亘若垂天之云，三洞联属，匐伏而进，若尺蠖之屈，伸数百步始达洞。予惘然不能至也。兖后为洞者二，其巅为洞者一，依山眺川，开势明远，星村回望，不啻霄汉。

仙掌峰，即天游右趾也。壁立数百尺，广倍之。青苍莹洁，如开锦步障，中有滴水痕数处，俗呼仙人掌。峰椒悬瀑直下，翻银倒雪，素气云浮。

下城高，石岸泉清，山夷林茂，凭墉藉阻，幽栖枕流，触目怡情，取畅妙远。

一线天，名灵岩。巨崖若压，横亘百丈，三洞胪列。中为风洞，蓬蓬然，虽六月，寒吹袭人，罅处仰视天光，真仅一线。

三教峰，三峰离立，有洞十五六，各异形殊态。峰各高二十许仞，树木甚蓊郁，远望故童也。登三层阁，诸峰来朝，绮绾绣错，绀碧紫绿，莫得遁隐。独大王庄肃天汉，兜畜此峰，三仰则倚其后耳。至若九曲之平沙漫流，滩濑回薄，与夫平冈小阜，浓阴丛落，隐见错出，较登大王、隐屏二峰又各有疏密短长也。将夕，忽雨，月升而霁，颢气回合，倏忽万变，一峰皆幻为数形，不觉为之屡眷。

兜鍪峰，皎嶭直上，超烟越云，山殚艮徂，地穷坎势。近有道士结庐其巅，仲雅登焉。

流香涧，石壁深高，林嶂秀阻，崩岳倾岫，通隐钩深。中仅羊肠蟠道，数十折即停。午夜分亦不见日月，水行峡中随峡作转，浅碧沙纹皆成异色。出涧为清凉峡，凌高降深，危溪绝径，一步一妙，皆有条理。

杜辖岩，邃壁险奥，空谷幽深，涧道之狭，车不方轨，故曰杜辖。有二洞：下洞幽，上洞旷。昔人居山处，薪爨之迹犹存。深沉隐翳，可以怡生托业，游踪鲜有至者矣。

武夷诸峰可登者，率皆援木寻葛，历险穷崖，援臂相引，乃能造极。独天游可舆而上。五里，至胡麻涧，仙掌瀑之源也。缘涧入门，岩观幽致，树林郁茂。登一览亭，隐屏、接笋、玉华三峰，对面可蹑也。峦阜周回，渌渊镜净，虚明朗照，闲邃笃情，斯亭有焉。

鼓子峰，一名并莲，远望之，赪壁开天，卿云蠹汉。及即之，辉赫晃荡，又如蜃楼海市，轮囷光怪，不可方物。青松成列，丛篁不荟，羽流驾屋，朱碧如蜂房水涡，人世壮观，听睹得未曾有。

水帘洞，予由刘官寨往，岭路岌嶪，势多悬绝。所历三姑、北斗、象鼻、杜辖、天心、马头、玉柱、火焰诸峰岩，皆援萝腾岑，寻葛降深而后得至。隔半里便闻水声珊珊，岩微俯，高数十仞，浅绛色。帘水自峰顶直下，始下如散氛吹雾然，因风摇曳，远洒成珠。

碧霄洞，在三仰峰之巅，是武夷最高处。由三隐台登，犹五里许。岭上俯瞰崇安县治，如掌大。武夷一百二十里外，诸山奇形异势，莫识其名，皆供送日。将及洞，磴断，续以栈，危仄穹窿，回接云路，有泉作碧琉璃色。洞二层，状若芙蓉，阒寂凄神，沉寥寒骨。

既登碧霄洞，返宿三隐台。晓钟发响，仲雅促起观云，急披衣启门，茫茫大地化为灏灏积气，畴昔亿青万碧同归乌有，峰高者髻出云上，或如虚舟泛巨浸中，余若浮鸥点点，自为上下游戏也。久之，东方高春，云脚微动，遂若潮回涨落，崩奔倾荡，久而后已。与仲雅相视而入，不能出一语也。下云窝，绵谷跨溪，皆奇石林立委邃，扳竹披奥，搜奇剔诡，究不能十之三四，余皆委于榛丛弗草间。昔之云台风观，缨峦带阜，尽消磨于岚瘴，亦废髉于群佥。

谢洞，一名活水，一名涵翠，山人谢智所辟也。峻岭千盘，山岫层深，侧道偏狭，青树翠蔓，石室三层，户牖扉崩，恍若天成，下瞰飞鸟，夕阳在背。

汉祀坛，在幔亭之麓，片石广数十丈，其平如砥，草树葱茜，暗泉时于丛薄间弄响，南望光明空阔，风日澄心。

里金井涧，绕升日峰脚行。径路潇洒，虚绿相映，庵在夷处。竹篱荆户，兰蓣吐芳。越小桥如循永巷，里许，出天游峰后。

幔亭峰，高稍亚大王，临溪半壁，飞翠流丹。至北斗岩，平眺则青苍列幄而已。

游人由问津亭至五曲，两岸皆翠壁丹崖，隘东忽得长阜，平冈苍藤茂木。隐屏蠹其后，晚对峙其前。升日、上升、大藏、仙掌、苍屏诸峰左右环拱，是文公书院也。肃拜俯仰，求所谓仁智堂、止宿寮、观善斋、石门坞，无一存者。舍瑟人遐，幽伴迥查(文公有"珍重舍瑟人，重来足幽伴"之句)。棹歌遗韵，时激发于清溪，低回不能去，千载殆有同心耶。

冲佑万年宫，古木参天，皆一二十围。殿阁壮丽，长廊爽垲。予以七月朔雨舟至宫，入夜大雨如注。质明，乞晴于十三仙，倏开霁。游历二旬，未尝遇霡霂沾衣，及杖履出山，甫至慎叔署，风雨大作，迷离数日，亦一奇也。

出清凉峡至一处，悬泉飞白，岩嶂阻深，列石如高门昼扃，下如二猊对蹲。又二石如小塔左右峙，涧汇为池，郁阴四合。泉侧竹梯竖焉，似可登历。日薄崦嵫，弗及迹，未知的是何处。

若夫铁板嶂之劂削，玉女峰之姝丽，凌霄峰之巀嶪，小藏峰之峻拔，揽石峰之耸结，宴仙岩之蓊郁，玉华岩之莹邃，上城高之盘峙，天壶峰之黝润，鼓楼岩之峭深，葛香林之澹逸，火焰峰之彪炳、寒岩洞之清荫，换骨岩之险奥，玉柱峰之修洁，齐云峰之缥缈，毛竹洞之幽诣，虽不及大王、隐屏诸胜，犹足自立于时，令游人屈一指。至若狮子、三层、三才、三髻诸峰，复古、紫霞、吴公诸洞，上下章堂、翠竹窝、小九曲、止止庵托迹异地，均可领袖一方。第既列于武夷，遂应俯首帖耳，不敢伸眉强项与诸胜齿也。等而至于外金并涧、大小观音、大小米廪诸石，即错布于洞天，遂至阿所好而概谓赏心也，予何敢！虽然，此其大略也，峰之隽者三十六，半仅得其肤；泉之名者三十九，未酌亦甚夥。敢谓奇伟瑰玮之观，尽沉酣于肺腑哉？然予于兹游，窃得游山之道矣。古来秀绝幽异之胜，多在乎下州僻邑，是故非志与合者不能游。志合矣，或鲜济胜之具；有具矣，或不得善游者导之；有导矣，而兴易阑，望易足，究且迷离昏惑，终不能穷高极远，而测深厚于无遗也。予兹行盖先之以仲雅，仲雅故善游，匝月间，广咨博访，杖履咸周，指迷翼险，鼓勇策怠。予固有天幸焉。蓝选石曰：老人住此山中七十余岁，阅游人多矣。游法之善、游踪之遍，未见若二三君者。二三君何许人，仲雅微哂，私于予曰：典之游，盖之游，盖得之陈君圣叙云。

二、武夷茶游学指南

崇阳溪以西、星村以东的武夷山风景名胜区，谷秀峰奇水丽，素有"碧水丹山""奇秀甲东南"之美誉，其自然、生态、文化景观属于世界顶级资源。1979年和1982年分别被国家批准列为"国家级自然保护区"和"国家重点风景名胜区"。1999年12月1日，联合国世界遗产委员会将武夷山列入《世界文化与自然遗产名录》。2017年，武夷山被列为国家公园体制试点区。通常来说，风景名胜区可以分为天游峰、九曲溪至武夷宫、一线天至虎啸岩、大红袍至水帘洞四个片区。

如果只有一天的时间，一般来说，居高临下的天游峰和秀丽广阔的九曲溪是首选。但对爱茶的人来说，走大红袍至水帘洞悠闲的岩骨花香漫游道，感受茶的魅力，也是不错的选择。两天是更好的选择，可以轻松而充实地游遍四大片区。

如果有三天以上的时间，漫步武夷山的三大悠游步道能更好地体会武夷山的美。除了大红袍—水帘洞景区经典的岩骨花香漫游道，武夷山风景区还有另外两条经典且指引设施非常完善的悠游步行道：一条是岸上九曲漫游道，在九曲溪北面，从竹筏码头对岸沿溪经过桃源洞，再到天游峰；另一条在溪南边，称为绿野仙踪漫游道，从一线天至虎啸岩，再到玉女峰。从两条步道，游客可以用更广阔的视角来欣赏九曲溪和武夷群山之美，游遍路上的景点，比起搭景区交通车，不仅低碳环保，而且能感受更多的武夷美景。同时，探访如下梅、城村这样的古村古城，或是深入景区内或保护区内的茶园探茶，都可以发现武夷山不一样的自然与文化魅力。

（一）天游峰

天游峰位于九曲溪六曲溪北，与仙掌峰连麓并峙，是武夷山最热闹的旅游景点，因身居景区中枢，四周群峰拱卫，山下溪曲环绕，登峰凭栏，百景尽收，故称为"武夷第一峰"。徐霞客曾说："其不临溪而能尽九曲之胜，此峰固应第一也。"

游览天游峰最好安排在早上，若是雨后更好。运气好的话，可以欣赏到接笋峰下由众多山洞组成的云窝那云雾笼罩的醉人景象。明人张大复《梅花草堂笔谈》："武夷诸峰皆拔立不相摄，多产茶。接笋峰上，大黄次之，慢亭又次之，而接笋茶绝少不易得。"说的是当时接笋峰产茶，且珍贵。

一般游人前行至茶洞处即攀爬正道，上下约一个半小时；喜欢挑战的游客可从接笋峰的小路上山，道路更险，亦更费时费力。从天游峰顶下山时经过"中正公园"牌坊后，会遇到岔口，跟随标识走约千余米，即可到达被很多游客忽略的桃源洞景区。走到山下九曲溪边时，别忘了回望天游峰山下如屏风般耸立于山水门户间的晒布岩，这是武夷山风景区最大的岩石。返回乘车处不妨逛一下路旁的紫阳书院，即武夷精舍，朱熹曾在这里度过了著书讲学的十年。现在的书院为当代重建，仅有岩间题刻为旧时遗物。

九曲溪

（二）九曲溪

　　九曲溪景区起于武夷山市星村镇竹筏码头，止于九曲溪的终点——一曲溪畔的武夷宫。整个九曲溪漂流全长共9.5公里。艄公撑杆，快则90分钟，慢则110分钟。九曲溪两岸的峰岩还具有"移舟换景"的特点。同一山峰处在不同曲水的视点下，往往变幻为不同的景观，而峰名也因之而异，形成这个景区最大的特色。朱熹写《九曲棹歌》，赞美其旖旎风景：

武夷山上有仙灵，山下寒流曲曲清。

欲识个中奇绝处，棹歌闲听两三声。

一曲溪边上钓船，幔亭峰影蘸晴川。

虹桥一断无消息，万壑千岩锁翠烟。

二曲亭亭玉女峰，插花临水为谁容？

道人不复阳台梦，兴入前山翠几重。

三曲君看架壑船，不知停棹几何年？

桑田海水今如许，泡沫风灯敢自怜。

四曲东西两石岩，岩花垂落碧氍毹。

金鸡叫罢无人见，月满空山水满潭。

五曲山高云气深，长时烟雨暗平林。

林间有客无人识，欸乃声中万古心。

六曲苍屏绕碧湾，茆茨终日掩柴关。

客来倚棹岩花落，猿鸟不惊春意闲。

七曲移船上碧滩，隐屏仙掌更回看。

却怜昨夜峰头雨，添得飞泉几道寒。

八曲风烟势欲开，鼓楼岩下水潆洄。

莫言此地无佳景，自是游人不上来。

九曲将穷眼豁然，桑麻雨露见平川。

渔郎更觅桃源路，除是人间别有天。

古人游九曲溪，是从武夷宫按曲序逆流而上，一折为一曲。武夷宫前，晴川一带即为一曲，转折后的二曲旁边有最窈窕的玉女峰，与大王峰隔溪而对。三曲南岸的小藏峰有闻名于世的架壑船棺。五曲有茶灶石，朱熹曾在上烹茶会友，有诗为证：

仙翁遗灶石，宛在水中央。

饮罢方舟去，茶烟袅细香。

六曲在九曲中最短，但与险峻的天游峰相依偎。响声岩可空谷传声，向来被视为武夷一绝。七曲北岸有武夷山风景区的最高峰三仰峰。幛岩附近的浅滩至漂流起点星村镇为九曲，现在游客都是从这里顺流而下，省事且速度更快，景色变幻更迷离。

从度假区或兰汤村乘坐星村专线中巴至终点站，下车步行2分钟即可到达发排码头。

（三）天心禅寺、大红袍母树和水帘洞

这是武夷山风景名胜区内面积最大的片区，达22平方公里。进入景区前，停车场旁边有一条上山的石阶路，通往武夷山的佛教名刹——天心永乐禅寺。大红袍景区得名于历史悠久的武夷名茶大红袍。进入景区，沿着山涧能看到不同的茶树品种，水金龟、不见天等。还有"岩韵""晚甘侯"以及茶诗等摩崖石刻。人们争相

大红袍母树

目睹的是九龙窠崖壁上的六棵大红袍母树。

天心禅寺是武夷山景区规模最大的佛寺。始建于宋代。1989年12月重修，由全国政协副主席、中国佛教协会主席赵朴初题写寺名。天心禅寺与武夷茶深有渊源，《武夷茶歌》作者阮旻锡曾在此为茶僧。1942年福建示范茶厂改为中央财政部贸易委员会茶叶研究所，当时的茶学家曾参与天心禅寺制作大红袍的过程，把制作技艺记录下来，并公之于世。如廖存仁所记的《大红袍史话及观制记》（见附录二）。

从大红袍母树下沿漫游道一直可以走到水帘洞，中间经过鹰嘴岩到流香涧，然后峰回路转，经过慧苑寺，到达慧苑坑。沿溪再走约20分钟即可到达水帘洞。这个漫游花香道周边是武夷岩茶的核心产区。水帘洞是武夷山最大的洞穴，洞门前有两股清泉从岩顶飞泻而下，形成"赤壁千寻

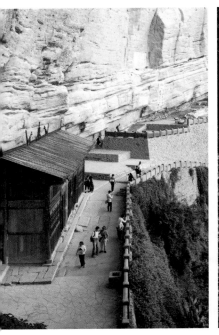

水帘洞三贤祠　　　　　　三坑两涧

晴拂雨，明珠万颗昼垂帘"的壮丽景观。一旁崖壁上还散建了数座不施片瓦的庙宇，其中有供奉宋代大儒刘子恽、朱熹、刘甫的三贤祠。

（四）核心茶区三坑两涧

　　三坑两涧，是武夷山核心产茶区域，为牛栏坑、慧苑坑、大坑口、流香涧和悟源涧。其中，慧苑坑最长，包括霞滨、水帘洞、慧苑、竹窠、景云、三仰诸岩峰。牛栏坑宽而短，包括兰谷、宝谷等岩。大坑口在牛栏坑之南，包括神通、宝珠和天心岩的九龙窠。这些峰岩，是武夷名丛的故乡，也是大好风景之区。这些武夷山核心茶区，地势奇特，影响茶树生长和栽培。种植方式多样，有平地式、斜坡式，还有石座作、寄植作。石座作，实际上是以盆栽的方式种茶，通常利用岩凹、石隙等处，依其地形砌筑石座，运土以植茶株。《御茶园歌》："云窝竹窠擅绝品，其居大抵皆岩嶅。兹园卑下乃在隰，安得奇茗生周遭。"每座种植三五株为限。武夷山各岩与悬崖半壁随处可见。寄植作，则是利用天然的石缝，如覆石之下、道路之旁，无需另外作植地园圃，将二三株茶树，或三五颗茶籽寄植其间，任其发育滋长，稍加管理即可。如袁枚《试茶》写的："云此茶种石缝生，金蕾珠蕤殊其名。雨淋日炙俱不到，几茎仙草含虚清。"以此栽培方式孕育的茶，时人尤为珍重。如《闽产录异》中的铁罗汉、坠柳条。

（五）古茶市：下梅、星村与赤石

清康熙年间，江西茶商与山西茶帮来到武夷山的下梅、赤石，收购茶叶，建厂制茶。其盛况一度让星村与赤石被誉为"小苏州"和"小上海"。

下梅曾是晋商万里茶路的起点，水路和海路成为更经济的运输方式后，下梅开始衰落。不过，当你看到文昌阁横跨当溪而立，当溪两岸南北二街老宅里那些精美的木雕和砖雕时，仍能想到它当年的繁华。目前下梅村保存的最好的建筑是邹氏大夫第、邹氏祠堂、西水别业这三座邹氏家族的宅楼，邹氏宗祠旁边有晋商茶馆。当年这个下梅的大户几乎控制了与晋商的茶叶生意。

"茶不到星村不香"的说法，足以说明星村在武夷茶中的重要角色——茶叶产制、贸易中心。梁章钜《归田琐记》："武夷九曲之末为星村，鬻茶者骈集交易于此。多有贩他处所产，学其焙法，以赝充者，即武夷山下人亦不能辨也。"《闽小记》传一"佛腹古茶"的故事：

星村山径间向有一寺，殿宇颓圮，惟留大佛像一尊。道光乙巳春，有茶客过祷而应，捐金重修，拆视旧像，则腹中以竹为框，内皆纸包茶

星村天上宫

叶，各书"嘉靖辛巳九月某日某人敬献"字。其茶色不甚变，亦微有香气，遂尽取出，易以新者，旧者多为工匠及村人取去。茶客只自留二包。素与建阳程卓英交好，是年秋杪，卓英子患痢甚剧，偶忆其茶藏佛腹中逾三百年，必可治病，遂乞少许煎饮之，果大泻而愈。其后人竞乞以治痢，愈者甚多。乙卯，余馆建阳，卓英为余述之。惜茶客已故，其先为工匠、村人取去者，恐皆不知可以治痢而弃之矣。

赤石老街

星村天上宫，是闽北最大的妈祖庙，始建于康熙三十八年（1699年），嘉靖年间重修，分为大殿、后进偏殿、左右廊。正面是砖砌牌楼式门面，砖雕门面雕刻着神话人物与龙凤花鸟，层与层之间用砖雕塑花、果、斗、拱相砌而成，窗花、瑞云花样百变。天上宫为闽西汀州客家人集资所建，因此又称为"汀州会馆"。星村自古是武夷山地区的茶市中心，汀州人长期在此从事茶叶贸易，通过九曲溪、建溪、闽江出海。而为了保证行船安全，汀州人便建天上宫供奉妈祖。

从清代到民国年间，赤石是茶叶的集散中心，是茶叶教育与研究的基地。西方人痴迷武夷茶，中国茶业先驱者亲力亲为地振兴中国茶业，让赤石这个地方在武夷茶史上扮演着重要的角色。然而，如今的赤石早已不复繁华。旧茶庄人去楼空，内部破旧不堪，地面散落腐朽的木板、破碎的瓦片。不过，一些茶庄的石雕门保存完好，寓意福禄长寿等雕饰仍栩栩如生。

（六）武夷宫、大王峰和止止庵

九曲尽头与崇阳溪交汇处便是武夷宫景区，也是各路交通车交汇的中转点。这里有一条仿宋古街，街上有武夷山博物馆。穿过仿宋古街，有武夷宫改设而成的武夷山古代名人馆，庭院里的两株桂树相传为宋代遗存。

武夷宫尽头是清幽的万春园，万春园后有攀登大王峰的路径。大王峰因其形似王者的冠冕，有王者威仪，故名。传说为汉代仙人张垓坐化升天之处。山顶古树参天，有天鉴池、投龙洞、仙鹤岩、升真观遗址等名胜古迹。

从大王峰下山时还可以探访道观止止庵。它自古是"不深而幽，不高而敞"的仙家胜地。晋时，娄师钟、李陶真、李铁笛、李磨镜接踵在此修炼。南宋，道教南宗五祖之一的白玉蟾寻仙至此，并由他做住持。他悠游武夷山，嗜饮武夷茶，在《和朱熹棹歌》一诗中写道："仙掌峰前仙子家，客来活火煮新茶。主人遥指青烟里，瀑布悬崖剪雪花。"

第六节
溪谷留香走天下，
武夷到处读书声

武夷山不仅风景秀美且人文历史底蕴丰富，是历代大儒培育人才、遍设书院学堂之地。民国时期，武夷山是全国茶叶科研与教育重镇。改革开放以来，福建省将南平师范高等专科学校迁来武夷，改名武夷学院。2018年，时逢建院60周年，高等学校设立为武夷茶文化传承与传布插上一双翅膀。

一、品茶论道，寓教于游：武夷精舍

武夷山不仅是著名风景区和产茶胜地，也是我国历史上人才辈出之沃土。自宋以来，许多文士隐居深山，潜心教育，提携桑梓，培养了大量栋梁之才。在武夷山，就有各类书院十余所，其中，南宋著名理学家朱熹创办的武夷精舍名噪一时。

朱熹对武夷山有着深厚的感情，游武夷山隐屏峰时，即有构筑精舍、授徒论道的心愿。经过他与弟子的设计、营建，至淳熙十年（1183年），武夷精舍初成，分仁智堂、隐求室、止宿寮、石门坞、观善斋、寒栖馆、晚对亭等，供朱熹师徒居

武夷精舍

住、论道、观览武夷山水之用。朱熹作《武夷精舍杂咏十二首》，学友、门人相继赋诗歌咏武夷精舍，极一时之盛。同时，朱熹游览武夷风光，作《九曲棹歌》，且并不完全是游玩，而是寓教于游，在山水游历中启发弟子，探究奥秘。

朱熹在武夷精舍周围开辟茶园，种植茶树，作《春谷》诗：

> 武夷高处是蓬莱，采得灵根手自栽。
> 地僻芳菲镇长在，谷寒蜂蝶未全来。
> 红棠似欲留人醉，锦幛何妨为客开。
> 咀罢醒心何处所，远山重叠翠成堆。

朱熹又善于以茶穷理，以品茶喻求学之道，先苦后甜，才能乐在其中。他向弟子们传授读书之要义，比如读书要立志，要有吃苦精神，不图安乐；读书要有所成

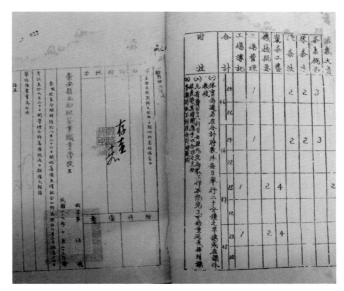

民国档案：崇安县立初级茶业职业学校课表

效，就要有选择；读书的目的要明理。除此之外，朱熹也十分重视诚信教育，以德礼为路，以仁义为门。种种教育理念，至今仍熠熠发光。

二、艰苦岁月，筚路蓝缕：崇安县立初级茶业职业学校

1940年，在筹建"福建示范茶厂"过程中，张天福先生利用示范茶厂的设备和人才，建立"崇安县立初级茶业职业学校"，校址在赤石企山，培养茶业人才。

张天福关心茶业教育，认识到改良福建茶业与职业教育之密切关系。他认为："改良茶业，不是可以立刻见功的。改良茶业，若不从教育方面同时着手，更不易收着实效。所以建教合作的主张，不仅在改良茶业方面是一种切要的方案，就在其他一切生产部门，也同样的应当效法。"他同时指出，这种职业教育必须与当地生

产事业有密切的联系，或即是这种生产事业本身。从档案资料看，初级茶业职业学校的教学科目除了公民、国文、算术等基础科目，设置与茶密切相关的土壤肥料、病虫害、气象大意、茶业概论、采茶法、拣茶法、制茶工艺、机械概要、合作学、经济学、茶业调查、茶业推广、工场管理、工场簿记等课程培养学生的实践能力。同时，福建示范茶厂供给校舍实习场所和技术人员。学生毕业后，还可由厂择优任用。

此外，抗日战争时期，被誉为"当代茶圣"的吴觉农先生将全国茶叶研究所从浙江迁至武夷山，当时在此办学苏皖联立技艺专科学校就设有茶业专修科；中华人民共和国成立后，崇安茶叶试验场所在地于1958年也办起了武夷茶业大学。艰苦岁月，武夷山的茶学教育虽步履维艰，但从未停下前进的脚步。

三、甲子传薪，知行致远：武夷学院

武夷学院，是教育部于2007年3月19日批准设立的公办全日制普通本科院校，前身是创办于1958年8月12日的南平师范高等专科学校；1962年1月，福州师范专科学校并入更名南平师范学院（本科）。"文革"期间停办，1978年经国务院批准复办。2005年，福建省政府将南平师范高等专科学校迁来武夷山，更名武夷学院，也设立了茶学系。

武夷学院茶学专业是国家级特色专业，拥有较强的教学团队与科研平台，主编了《茶文化学》《茶经导读》《茶叶企业经营管理学》《茶学概论》《中国茶生态文化》等教材与著作，拥有"茶叶福建省高校工程研究中心""福建省茶学实验教学示范中心"等教学科研平台，牵头组建了福建省2011"中国乌龙茶产业协同创新中心"，重点建设了"茶文化中心"、中国乌龙茶种质资源圃、武夷茶学教科园等校内实习实训基地，与校外50多家实践教学基地签订了合作协议。特别是中国乌龙

茶种质资源圃，拥有来自全国各地近300份的茶树品种。

2018年，时值武夷学院建校60周年。学校立足闽北、服务福建、面向全国，秉承"涵养穷索、致知力行"的校训，甲子传薪，这既是学校发展史上的一个重要里程碑，也是继往开来、再创辉煌的新起点。武夷学院茶学系将延续崇安县立初级茶业职业学校、武夷茶业大学的办学传统精神，发挥地缘优势，培养优秀的茶学学子。

四、同心协力，相得益彰：校企茶缘

2011年秋天，我应邀来武夷学院担任特聘教授，不觉一待就五年有余。直到2016年底，奉召返回山城重庆。我用"溪谷留香"把他和学院联结在了一起。

因为与茶结缘，叶家亮很快与武夷学院熟悉起来。武夷学院杨江帆教授出身福建农林大学茶学系，也是一个嗜茶如命的茶叶专家。听说我认识了武夷山岩茶"状元"，饶有兴趣地要与我一起去状元的茶山看看。一个周末，我约了茶树品种专家陈荣冰教授陪杨校长齐赴叶嘉岩茶厂。我们不仅参观了叶嘉岩茶厂的车间，还考察了茶园。肉桂、水仙、黄观音、金观音整齐地排列在茶山深处，长势喜人。陈荣冰教授详细向我们介绍了岩茶优良品种特点和栽培关键技术。家亮听了后，立即表示要依托学校强大科技力量，合作创新，提高茶厂技术和管理水平。从此，武夷学院茶学系的重大活动都邀请叶家亮出席，家亮也把学院的事当成自家的事。武夷学院主办"国际茶业大会""吴觉农茶学思想暨我国首家茶叶研究所迁至武夷山七十周年学术研讨会"等各种学术交流活动，都活跃着叶家亮的身影。

　　家亮和他的团队，也从此走出大山，把优质产品送到北京、上海以至全国各地，迅速扩大了"溪谷留香"品牌在全国的影响力。企业也得到学院茶学系老师们的大力帮助，企业员工素质和管理水平大大提升，实现校企联合的双赢局面。叶嘉岩茶厂将恪守"一生专注做一事"之精神，为传播中国传统茶文化、特别是武夷茶文化作出应有的贡献。

　　武夷学院茶学学科办学水平迅速跃居全国本科院校前列，茶学专业也被教育部评为国家级特色专业，得到主管部门的大力资助。时任武夷学院校长的杨江帆教授高兴地对我说："把学校办在茶区真好！"正如有诗为证：

> 三三九九升彤云，五色茗柯满涧坑。
>
> 溪谷留香走天下，武夷到处读书声。
>
> 学校办到家门口，岩骨花香更有韵。
>
> 国兴茶旺品牌响，状元门第万象新。

第二篇

工匠精神
香传万里

　　武夷岩茶以"岩骨花香"著称于世，是我国六大茶类中真正体现"天人合一"的天合之作。武夷茶的环境、品种及客观描述已有许多大作问世，但至今尚无一部写武夷茶人工匠精神和武夷岩茶品质形成原理的书籍，本篇为填补空缺，作一尝试。

第一节
凡茶之产准地利，
幽谷高崖烟雨腻

茶树乃多年生常绿木本植物，原产于亚洲西南热带、亚热带雨林之中。特殊气候和地理环境成就茶树叶片所具有的独特生理生化特性和保健功能。四五千年前，茶树种子随水流、风吹到了八闽大地，迅速落地生根，发展壮大。这里古濮人将武夷山变成茶树种质资源衍生地，并培育出许多良种繁殖至今，使其成为中华大地第二个茶树种质资源基因库。

武夷岩茶，产于秀甲东南的武夷山，是乌龙茶的典型代表。它是在武夷山自然生态环境下选用适宜的茶树品种进行繁育和栽培，采用独特有利发挥品种香味特征之加工工艺制作而成，具有岩韵（岩骨花香）品质特征的乌龙茶之佼佼者。其独特的品质除了和品种、制茶工艺有关，还和茶树生长的环境密不可分。武夷山优越的生态环境，是孕育武夷岩茶"岩韵"的基础。

茶学家林馥泉说，以地势论：武夷岩茶可谓以山川精英秀气所钟，岩骨坑源所滋，品其泉洌花香之胜，其味甘泽而气馥郁。以土质论：则疏松润泽，既不至过黏而排水不易，亦不至过砾，失之过干。山谷岩罅之处，每多腐殖质肥土流入，肥分

武夷山

既多，气水透通，此均适宜于深根植物如茶树之生长。气候温和，山高气爽，暑天不致酷热，四季云雾环绕，降雨适量，且因山峰高耸，岩壑之间日照不长，亦均为茶树生育之理想条件，且以山水之奇，茶则相得而益彰。

一、山川秀气所钟

武夷山脉的形成主要是在中生代白垩纪初，彼时我国东南沿海一带发生了一次重要的地壳运动，地质学称为燕山构造运动，武夷山脉主要是通过这次地壳运动形成的。武夷山最有代表特色的山峰是那种向西倾斜的单斜山，是武夷山景区内最主要的山峰构造类型。早在第三纪末武夷湖盆回返上升时，岩层受到近东西向的挤压力，导致岩层东侧产生翘升，向西倾斜，因而形成了大大小小的单斜山或单斜断块山。在武夷山天心寺的公路旁依然可见许多的单斜断块山。武夷山有三十六峰、九十九岩，它们大部分都是昂首向东，远观其景，仿如千军万马向东奔流，雄伟壮观。

从植物学上考究，这种地形特征对武夷山的茶树而言，是不可替代的屏障。每年的冷空气南下到达武夷山时，因受到山脉的阻挡不能直接南下东进。等冷空气积蓄能量越过武夷山脉，或者经福建东北部绕道到达时，冷空气已被暖化。因此，武夷山的冬天比同纬度内陆的省份气温高了许多。

南朝文人江淹笔下的"碧水丹山"，生动地描写了武夷山的地形地貌。所谓的"碧水"首先得益于武夷山每年高达2 000毫米的降水量，加上原始森林能保持较多的水分，较好防止水土流失。还有中国最美的溪流——九曲溪以及被誉为武夷山母亲河的崇阳溪萦绕其间。因而崇山眉黛，碧水长流。"丹山"主要形成于地质史上的白垩纪和第三纪。那时，中国大部分地区包括武夷一带气候相当干热，沉积物质中的铁，主要是赤铁矿，在干热气候环境下，经氧化后变为红色或紫红色，人们通常称这些碎屑岩为"红层"。武夷山景区内的山就是由"红层"构成的，因而称为"丹山"。

在海拔分布上，武夷山景区境内的茶园山场海拔大多在200～450米，海拔最高的三仰峰也只达729.2米。武夷岩茶的著名产区"三坑两涧"——慧苑坑、牛栏坑、大坑口、流香涧和悟源涧，这些山峰整体高度落差大，高低错落，地形起伏，重峦叠嶂，地貌上山地多平地少，加上这一带溪流河畔的砂土，很大程度上为茶树提供了良好的家园。

武夷岩茶向来有产地的区分，不同产地的茶品质有较大差异。如清代陆廷灿《续茶经》中记载的："武夷茶，在山上者为岩茶，水边者为洲茶。岩茶为上，洲茶次之。岩茶，北山者为上，南山者次之。南北两山，又以所产之岩名为名，其最佳者，名曰工夫茶……"董天工《武夷山志》："茶之产不一，崇、建、延、泉随地皆产，惟武夷为最。他产性寒，此独温也。其品分岩茶、洲茶，岩为上品，洲次之。又分山北、山南，山北尤佳，山南又次之。岩山之外，名为外山，清、浊不同矣。"

2006年重新修订的武夷岩茶国家标准（标准号GB 18745—2006）中，岩茶产区不再区分，专指武夷山市行政区域范围。虽然国家标准把岩茶产区扩大到了全市范围，但综合以往各种对武夷岩茶产区的山场分区，按地形、地貌、生态、气候以及各地所产茶叶的品质，常将岩茶分为正岩、半岩、洲茶。

二、上者生烂石

土壤是茶树生长的基础，影响茶叶品质。民国时期，中央财政部贸易委员会茶叶研究所研究员兼化学组组长王泽农，对武夷山茶地土壤进行调查、化验、分析，著《武夷茶岩土壤》，进一步证明了明代徐惟起在《茶考》中所说的武夷"山中土气宜茶"的观点。

茶树生长的土壤类型广泛，但不同类型土壤产出的茶叶各有特点。陆羽《茶经》有"上者生烂石，中者生砾壤，下者生黄土"之说，可见人们早就注意到土壤类型与茶叶品质的关系。茶树是喜欢酸性土壤和嫌钙的植物。种植茶树的土壤要求

武夷山坑涧茶园

有一定的酸碱度范围。土壤团粒结构较多，有一定的透气性、透水性和保水保肥能力，有利于高品质茶叶的生成。同时，土壤的矿质元素对茶叶的品质也有较大的影响。

武夷山的地质，属白垩纪武夷层，下部为石英岩，中部为砾岩、红砂岩、页岩、凝灰岩及火山砾岩五者组成。茶园土壤的成土母岩，绝大部分为火山砾岩、页岩组成。剖面发育颇不完全，具有母岩的棕红色，经风化、冲蚀，表面呈棕色松散状，厚度达1米以上。

正岩区主要以丹霞地貌为主，半岩区位于丹霞地貌和河谷地貌的过渡区，洲茶区则大多属于河谷地貌。因此岩茶正岩产区的土壤含砾量高，质地以轻壤为主，土层较厚，土壤疏松，孔隙度在50%左右，土壤通风、透气性适中。这些地区矿物质和腐殖质受淋溶作用强，土壤呈酸性、有机质含量高。半岩产区属黏壤土或砂砾土，其水分和空气状态处于不断变化中。洲茶产区以红壤为主，土壤中黏粒较多，这种土壤保肥能力较强但透气透水性差。

矿物质元素，对茶树的生长也有重要的影响。钾元素在茶树新梢中随着成熟度增加而降低且有调控茶树代谢的作用。镁和钾有助于提高茶树橙花叔醇、橙花醇、雪松醇等乌龙茶特征香气组分的含量。相关研究表明，土壤中钾、磷、镁含量高的产地，茶叶香气较好。

武夷岩茶品质差异与其营养元素是否协调有关。武夷山茶人姚月明曾以竹窠、企山、赤石分别代表正岩、半岩、洲茶三地茶园，土壤调查表明，三地茶园三要素含量相互比例相距甚大，竹窠茶园含磷钾高而氮低，赤石茶园含氮高而磷钾低，企山茶园则介于二者之间。正岩区土壤中除速效钾和速效镁含量较高，水解氮、速效钾、速效磷和速效镁之间的比例也较半岩产区和洲茶产区合理。

氮、磷、钾、镁达到合理的范围，其效果更为显著。正岩产区中土壤肥力比例均衡，而且钾的含量比半岩产区、洲茶产区的高，各元素之间相互协调、相互促进，有利于提高茶叶品质。而半岩产区、洲茶产区人为的影响因素较大，常年的偏施某种矿质元素，使其在土壤的含量增高，破坏了原有土壤矿质元素的平衡，各种元素之间的搭配不均，阻碍了茶树对矿质元素的吸收利用。

这些土壤因素，使得正岩产区鲜叶中茶多酚、咖啡因和氨基酸的含量显著高于洲茶产区鲜叶中的含量。正岩茶香高味浓，鲜醇而不涩和所处的土壤条件密切相关。

三、年年春自东南来，建溪先暖冰微开

气候条件也是形成武夷岩茶优异品质的重要的生态因子，不仅直接影响茶树体内物质代谢，而且对于茶园土壤的理化性状也有深刻的影响，导致茶叶内含物在数量和比例上有明显差异，茶叶品质也迥然不同。

林馥泉认为，气候影响茶树生育与制成品质之优劣，自不待言。武夷山虽地势稍高，唯因峰岩耸立，深谷万丈，茶树生长于山凹岩壑之间。以日照论：则当比平

武夷山云雾缭绕

地时间为短，间亦有少许终年不受日光直射；以霜雪论：每见山巅满积，唯深谷岩罅之处，尤未可见；以湿度论：则岩泉点滴，终年不绝；以劲风论：更无从加害。是以冬季走入山中，每见青草油绿，花香鸟语，真不知山外尚有严冬。凡此种种，皆为岩茶得天独厚者。

科学研究证明，温度与茶树生长发育的快慢、采摘期的早迟和长短、鲜叶的产量以及成茶的品质，都有密切的关系。茶树喜温，适宜在日均气温20~30℃，或≥10℃的年活动积温在4 000℃以上，平均最低温度≥-10℃的气候下生长。当日平均气温≥35℃，且持续几天，再加上大气和土壤干旱，茶树会出现叶片脱落，最高气温达40℃时，有的茶树出现成叶灼伤和嫩梢萎蔫；冬季茶树对低温冻害较为敏感，一般只能忍受-15~-5℃的低温。

一般认为，茶树的春季起始温度是日平均气温稳定在10℃左右。春茶采摘前，

≥10℃的积温愈高，则春茶开采期愈早，产量愈高。温度高，有利于茶树体内的糖代谢，利于糖类的合成、运送、转化，使糖类转化为多酚类物质化合物的速度加快。气温低时，氨基酸、蛋白质及一些含氮化合物增加。在茶树适宜的温度范围内，茶树的生长发育正常，利于茶叶有效成分如氨基酸、多酚类等物质的形成和积累，对茶叶品质特别是滋味成分形成有利。高温或低温，茶树生长发育受阻，甚至使茶树受害，代谢机能减弱，萌发的芽叶瘦小，内含成分比正常生长的芽叶低，茶叶品质差。有研究认为，温度是影响鲜叶中的芳香物质变化的重要因子，适度低温胁迫处理能提高鲜叶中芳香物质的种类，改变主要香气物质的含量，对茶叶香气形成有直接影响。

武夷山属中亚热带季风湿润气候区，四季分明，光照充足，雨量丰沛。年平均气温18～18.5℃，全年最热时是7月，月平均温度为27.8℃。武夷岩茶各主产区≥10℃年活动积温大于5 000℃，昼夜温差较大，适宜茶树的生长。

四、茶喜高山日阳之早

光照是茶树生活的首要条件。光质、光照强度和时间等直接影响茶树的代谢，影响茶叶的产量和品质。茶树原产于亚热带森林之中，形成了喜光耐阴，忌强光直射的特性。正如《茶经》说的"阳崖阴林"，《大观茶论》说的"植产之地，崖必阳，圃必阴"。光照强度不仅与茶树光合作用和茶树的产量形成有密切的关系，而且对茶叶的品质有一定的影响。据研究，适当降低光照度，茶叶中含氮化合物明显提高，茶多酚、还原糖相对减少。这有利于成茶收敛性的增强和鲜爽度的提高。若光照太弱，导致茶树次生代谢产物不足，影响茶叶品质。过强的光照及过高的温度，也会降低茶叶品质。因此，在茶园内合理种植遮阳树以调节光照度，十分有必要。

太阳光中的可见光部分，是对茶树生育影响最大的光源。茶树叶片中含有几种光合色素，主要为叶绿素a和叶绿素b。叶绿素b对较短的光波有较强的吸收能力，因此茶树适合在漫射光中生长。在一定海拔高度的山区，雨量充沛，云雾多，空气湿度大，漫射光丰富，蓝、紫光比重增加，促进氨基酸、蛋白质的合成，利于茶叶香气和鲜爽度的提高。

茶园所处的森林覆盖率，决定了茶树接受光照度的强弱。武夷山地区栽培的茶树属于灌木或小乔木，周围有高大的乔木荫蔽，而该地区所处的经纬度使茶树在夏秋季能够得到每天不少于8.5小时的日照，有利于延长茶树的生长周期。

正岩产区多峭壁陡坡、沟谷坑涧，四周密林环抱，带来合适光照强度的同时增大了环境湿度，阳光在水雾中发生漫射。漫射光又有利于茶树内含物的积累特别是芳香物质含量和种类的增加。因此，正岩产区的茶叶香气幽雅、馥郁，内含物丰厚。

五、填山客土，精细管理

武夷山景区内岩石多，土壤相对偏少，茶园主要是客土砌石而栽、依坡而种、就坑而植，造就了"岩岩有茶，非岩不茶"的茶园形态。例如，母树大红袍就生长在九龙窠的岩壁上。在武夷山景区边缘及其外围的茶地坡度较为平缓，为种植茶树提供了更多的土壤和阳光。成片的茶园，绿意盎然，暗香浮动。当然，武夷山生态茶区的茶园可谓是养在深闺中，在原始植被的保护下，零星错落在丛林深处。这些茶园，是大自然怀抱里的宠儿。

历史悠久的武夷岩茶区，积累并改进了许多有关乌龙茶生产的宝贵经验，形成了独特的武夷耕作法。包括秋季深耕、吊土、客土、平山、锄草等。这些方式有利于灭草除虫、土壤熟化，对岩茶品质的形成大有益处。

秋挖包括茶园秋季深耕和吊土，一般情况下每年一次，除在行间进行深耕，更于茶树根际进行吊土，使行间和根际呈30～40厘米深的畦沟状，经数月后施肥覆土平山。武夷茶区素有"七挖金、八挖银、九挖铜、十挖土"的说法，意指农历七月为深耕最佳时期。因为秋挖时间早，有利于断根愈合及新根长出。

曾有人提出秋挖伤根而不宜连年进行，改为隔年或三年秋挖一次。在岩茶区只采春茶不采夏茶，不采或少采秋露茶的情况下，多数茶农认为秋挖利大于弊，促进土壤熟化，利于根系向深处发育，有效地灭除杂草和部分越冬病虫害，便于冬前基肥深施等。

客土通常结合秋挖进行，土沟中填入新土或是收集岩壁和斜坡上分化土和腐殖层土等。客土层厚度根据生产实际掌握在5～15厘米，岩茶区多以此作为补充微量矿物元素、培育"岩韵"的重要手段。由于客土费工费时，一般间隔2～3年分片轮换进行。

削草浅耕也是武夷山传统耕作法重要内容，一般每年进行三次，分别在3月、6月、9月进行。这种耕作制度对清除杂草、防治病虫害、疏松土壤、培育茶园有利，生产上仍继续沿用。

一方水土养育一方人。武夷岩茶的独特品质也是由茶树生长的"风土"而形成。

武夷山正岩茶园

第二节
我震其名愈加意，
细咽欲寻味外味

"溪谷留香"一经问世，得到业界和市场普遍认可。这与叶家亮细心琢磨岩茶原料与品质关系，并获重要成果有关。武夷岩茶品种及茶叶花名很多，不胜枚举。但要找到一个创新品种并获市场认可十分不易。本节介绍叶家亮利用当地资源，创新工艺获得成功的事例。

武夷岩茶为乌龙茶中的上品，味甘泽而气馥郁，去绿茶之苦，无红茶之涩，性和不寒，久藏不坏。香久益清，味久益醇，叶缘朱红，叶底软亮，具有绿叶红镶边的特征。茶汤金黄或橙黄色，清澈艳丽。岩茶首重"岩韵"，香气馥郁具幽兰之胜，锐则浓长，清则幽远，味浓醇厚，鲜滑回甘，有"味轻醍醐，香薄兰芷"之感，所谓品具岩骨花香之胜。如此优异的品质和武夷山优越的自然环境分不开，同时得益于武夷山丰富的茶树品种资源以及岩茶精湛的制茶工艺。

武夷山素来有"茶树品种王国"之称。1943年林馥泉对武夷山的茶树品种进行实地调查，仅慧苑一岩，就有茶树花名800多个。武夷岩茶多以茶树品种命名。武

武夷岩茶鲜叶

夷岩茶的茶名就品种不同可分为菜茶、水仙、肉桂、乌龙、梅占等；就产茶地点可分为正岩茶、半岩茶、洲茶；就采摘时期不同分为春茶、夏茶、秋茶；就品类上分，除菜茶（本地称"奇种"，是当地土生土长的，用茶籽繁殖的），其余各品种成茶均冠原茶树品种名称，如水仙树种所制成的茶即称为水仙，由肉桂茶树所制成者称为肉桂。还有一些从菜茶中选育出来的优良单株，单独采制的，或因其品质特佳，或因其所种植地点奇特，或茶树形状奇妙，或鲜叶色泽不同等，命名为大红袍、半天腰、铁罗汉、水金龟、白鸡冠等。

　　武夷岩茶传统手工制作工艺，历史悠久，技艺高超，于2006年被列为国家级非物质文化遗产。武夷岩茶传统手工制作程序是：采摘—倒青（即萎凋）—做青—炒青—揉捻—复炒—复揉—走水焙—扬簸—拣剔—复焙—归堆—筛分—拼配等。关键

武夷岩茶制作

采摘

萎凋

做青

炒青

揉捻

焙火

工序是做青和焙火。

岩茶由于其焙制技术，品质以内质为主的特殊要求，鲜叶标准要求不同于其他茶类。一般标准是新梢芽叶伸育完熟而形成驻芽时采三四叶（对夹叶亦采），俗称"开面采"，由于老嫩程度不同，又分为小开面、中开面、大开面。一般掌握中开面采摘，采第一叶伸展平坦，而叶面积尚小于第二叶而达三分之二者。采摘时间因品种不同而异，春茶一般在谷雨后立夏前开采，夏茶在夏至前，秋茶在立秋后开采。鲜叶的采摘，要按品种、产地、批次严格分开，分别付制。

做青，是岩茶加工过程的精巧工序，是形成绿叶红镶边和色、香、味的重要环节。简单来说，整个做青过程，是以控制多酚类化合物缓慢氧化为主导，从"散失水分""退青"，到"走水""还阳"恢复弹性，时而摇动，时而静放，动静结合，反复相互交替的过程，需摇动促进变化，又要静放抑制变化。在相当长的时间内，有控制地完成各种变化。做青至叶脉透明，叶面红黄，红边已有三成，叶形成汤匙状，以手触叶略感柔软，以手翻动会作沙沙声，同时花香浓郁时，即为适度。立即付炒，至叶子柔软粘手，香气中已基本无青味夹杂为适度。起锅后即趁热揉捻，至茶汁溢出，条索紧结卷曲为适度。揉完后解块，入烘干机干燥，然后再拣剔黄片、茶梗，即为毛茶。

岩茶精制中最关键的是焙火。岩茶初焙，在高温下短时间内进行，最大限度减少茶叶中芳香性物质的损失，固定品质。复焙，使茶叶焙至所要求的足干的程度。然后茶叶在足干之基础上，再进行文火慢焙，俗称"炖火"。此法是武夷岩茶传统制法的独特工艺。岩茶经过低温慢焙，促进了茶叶内含物的进一步转化，同时以火调香，以火调味，使香气、滋味进一步提高，达到熟化香气、增进汤色、提高耐泡程度的效果。武夷岩茶在焙至足火时，观其茶叶表面，呈现宝色、油润，闻干茶具有特殊的"焦糖香"。这种焙法独具特色，清代梁章钜赞言"武夷焙法，实甲天下"。

一、"溪谷留香"的品种基础

武夷岩茶品类繁多，各具特色。所用鲜叶原料，有采自无性系茶树品种的，也有采自有性繁殖的茶树群体。按来源分，武夷岩茶的茶树品种可分为三类：

一是武夷山当地的茶树品种——武夷菜茶，以及从中选育的各类名丛。如大红袍、白鸡冠、水金龟、铁罗汉、半天腰等。其中，优良品种已被无性繁殖，推广种植，如肉桂已成为武夷岩茶的当家品种。

二是从外地引进的茶树优良品种，如水仙、梅占、奇兰、本山、黄棪、佛手、毛蟹等。

三是由茶叶研究机构培育的新品种，如黄观音、黄玫瑰、丹桂、瑞香、金牡丹、九龙袍等。

（一）武夷菜茶及名丛

武夷菜茶是武夷茶树品种的基因库。菜茶，就是当地土生土长的茶，因为是用种子进行繁殖的，后代会有性状变异。用武夷菜茶鲜叶制作的成品茶称为奇种。

武夷山的名丛，源于武夷山传统的菜茶群体种。武夷山茶农从菜茶群体中，经过反复单株选育，积累了名目繁多的优秀单株。经过单株选择，分别采制，质量鉴定，最后以成品茶质量是否优异为标准，发现优异单株，再经反复评比，依据品质、形状、产地等不同特征命以"花名"。由各种花名中评出"名丛"，在普通名丛中再评出四大名丛。

名丛，首先以优异的品质为先决条件，然后依其不同特点命名。以茶树生长环境命名的，如不见天、岭上梅、水中仙、过山龙、半天腰等；以茶树形态命名的，如醉海棠、醉洞宾、凤尾草、玉麒麟、一枝香等；以茶树叶形命名的，如瓜子金、倒叶柳、金钱、金柳条、竹丝等；以茶树叶色命名的，如红海棠、石吊兰、水红

不见天

梅、绿蒂梅、黄金锭等；以茶树发芽迟早命名的，如迎春柳、不知春等；以传说栽种年代命名的，如正唐树、正唐梅、正宋树等；以成品茶香型命名的，如肉桂、白瑞香、夜来香、十里香等；以神话传说命名的，如大红袍、铁罗汉、白鸡冠、水金龟、白牡丹、红孩儿等。

名丛历经沧桑，由于各种历史原因，不少珍贵名丛现已无存，现存名丛中分离变异和混杂现象也不少见。武夷山茶树品种专家罗盛财，对名丛进行逐个对比识别，编纂《武夷岩茶名丛录》一书。

1.白鸡冠

白鸡冠，无性系。灌木型，中叶类，晚生种。武夷山传统五大名丛之一。原产慧苑火焰峰之下外鬼洞，相传明代已有白鸡冠，"朝廷敕寺僧守株，年赐银百两，粟四十石，每年封制以进，遂充御茶，至清亦然。"

植株中等大小，树姿半开张，分枝较密。叶片呈稍上斜状着生。叶长椭圆形，"叶色略呈淡绿，幼叶薄绵绵如绸，其色浅绿而微显黄色，白鸡冠由此而得名"。叶面开展，叶肉与叶脉之间隆起，叶质较厚脆，叶缘平或微波，叶齿较稀、浅、钝，主脉粗显，叶尖渐尖或稍钝。芽叶肥

白鸡冠

壮、黄绿色，叶背茸毛厚密。

芽叶生育能力强，持嫩性较强，春茶适采期5月上旬。制乌龙茶，品质优异，品种特有香型突出，"岩韵"显。

2.铁罗汉

铁罗汉，无性系。灌木型，中叶类，中生种。武夷山传统五大名丛之一。原产内鬼洞，竹窠也有与此齐名之树。相传宋代已有铁罗汉名，最早的武夷名丛之一。在武夷山已扩大栽培。

植株较高大、树姿半开张，分枝较密。叶片水平状着生。叶长椭圆形或椭圆形，叶色深绿色，有光泽，叶面微隆起，叶缘微波，叶身平，叶尾稍下垂，叶尖钝尖，叶齿稍钝、浅、密，叶质较厚脆，芽叶黄绿色，有茸毛。

芽叶生育力较强，发芽较密，持嫩性较强，春茶适采期4月下旬。制乌龙茶，品质优，色泽绿褐润，香气浓郁悠长，滋味醇厚甘鲜，"岩韵"显。

3.北斗

北斗，无性系。灌木型，中叶类，中生种。原产北斗峰，系姚月明于20世纪60年代所选育，曾名北斗一号，岩山多有引种栽培。

植株尚高大、树姿半开张，分枝较密。叶片平水状或稍下垂状着生。叶片椭圆形，叶色绿，富光泽，主脉较显而沉，叶面平或微隆起，叶质较厚软，叶缘平或微波，叶齿较钝、深、密，叶尖骤尖或圆尖。芽叶黄绿色或淡紫绿色，茸毛较少，节间较短。

芽叶生育力强，发芽密，持嫩性强。春茶适采期4月中旬末至下旬初。制乌龙茶，品质优，色泽绿褐润，香气浓郁鲜爽，滋味醇厚回甘，"岩韵"显。

4.金锁匙

金锁匙，无性系。灌木型，中叶类，中生种。原产弥陀岩，山前等多处亦有齐名之茶树，岩山多有栽种，有百年以上历史。

植株大小适中，树姿半开张，分枝密。叶片水平状着生。叶片椭圆形，叶色绿，叶面较平张，富光泽，主脉较显，叶质稍厚脆，叶齿密、浅、稍钝，叶尖钝尖，有小浅裂。芽叶黄绿色，有茸毛，节间较短。

芽叶生育力强，发芽密，持嫩性强，春茶适采期4月下旬，制乌龙茶，品质优异，条索紧实，色泽绿褐润，香气高强鲜爽，滋味醇厚回甘，"岩韵"显。

金锁匙

5.大红袍

就茶树品种而言，大红袍是武夷名丛之一，享"茶王"之誉，盛名之下传闻颇多，脍炙人口，广为流传。其实，大红袍主要是以其嫩叶呈紫红色而得名。

1962年和1964年，中国农业科学院茶叶研究所和福建省茶叶研究所两次从母树大红袍剪枝带回繁育，并取得成功；1985年，武夷山茶科所又将大红袍从福建省茶科所引种回武夷山，开始有意识地推广种植大红袍。目前无性繁殖的大红袍已得到大面积推广，2012年通过福建省农作物品种审定委员会审定为省级良种。

大红袍茶树品种，属无性系。灌木型，小叶类，晚生种。原产福建武夷山天心岩九龙窠。植株较小，树姿半开张，分枝尚密，叶片呈上斜状着生。叶小，色深绿，富光泽，叶形椭圆，叶质较厚脆，叶身稍内折。新发芽叶偏紫红色。其成品茶品质优良，外形条索紧结、色泽乌润，内质香气浓长；滋味醇厚、回甘、较爽滑；色泽深橙黄，叶底软亮。"岩韵"显。

20世纪90年代初，应市场的需要，茶叶科研人员挑选优异的名丛进行拼配，并以"大红袍"为品名的商品茶进入市场。大红袍商品茶在市场上的成功，产生极大的经济效益。武夷山的许多茶厂纷纷效仿，生产拼配"大红袍"。

为了保证大红袍商品茶的质量，政府有关部门制定了国家强制性岩茶质量标准，实行原产地地理标志认证制度，为包括大红袍在内的岩茶传统制作技艺申请了国家级非物质文化遗产，并将"武夷山大红袍"注册为证明商标，授权给符合标准的厂家使用。近年来，随着大红袍知名度的不断提高，大红袍商品茶已成为武夷岩茶的代名词。

6.肉桂

肉桂，亦称"玉桂"，原产武夷山，为武夷名丛之一。据《崇安县新志》载：肉桂茶树最早发现于武夷山慧苑岩，另说原产武夷马枕峰上。远在清朝已负盛名，

"蟠龙岩之玉桂……皆极名贵"。肉桂茶香气高，品质辛锐，有强烈的刺激性，是不可多得的高香品种。从20世纪80年代起，栽培面积迅速扩大，取得良好的效益，现已成为武夷山主栽品种。1985年福建省农作物品种审定委员会认定武夷肉桂为省级良种。

肉桂属无性系。灌木型，中叶类，晚生种。植株尚高大，树姿半开张，分枝密。叶片水平状着生。叶长椭圆形，叶色深绿富光泽，叶面平，叶身内折，叶尖钝尖，叶齿较浅、钝、稀，叶质较厚软，芽叶紫绿色，茸毛少。

肉桂

芽叶生育力强，发芽密，持嫩性强。春茶一芽二叶干样约含氨基酸3.9%、茶多酚21%、咖啡因3.5%。制乌龙茶，春茶适采期5月上旬，品质优，条索紧实，色泽乌润砂绿，香气浓郁辛锐似桂皮香，滋味醇厚甘爽。"岩韵"显。抗寒性抗旱性强，扦插繁殖力强，成活率高。

（二）外引的茶树品种

外引的茶树品种，主要指从其他地区引入的茶树品种。它们反映了各自原产地的生态和栽培特点，具有不同的生物学和经济上的遗传性状，其中有些是本地种质资源所不具备的。有些外来的优良品种，若原产地的生态环境和本地基本相似，同时能够适应生产发展要求，就可以引种推广。

1.福建水仙

据民国《崇安县新志》载："水仙母树在水吉县（现属建阳市）大湖桃子岗祝仙洞下。清道光时由农人苏姓者发现，种植较广，因名其茶为'祝仙'，水吉方言'祝''水'同音，遂讹为'水仙'。清末移植于武夷。"郭柏苍《闽产异录》也记载："瓯宁县六大湖，别有叶粗长名水仙者，以味似水仙花故名。"水仙茶具有天然花香，味浓郁醇厚，汤色橙黄清澈。特别是移植武夷后，在优异的生态环境下，高产优质的品种特征更加突显，水仙成为武夷岩茶主要栽培品种之一。水仙在福建全省及台湾、浙江、广东、安徽、湖南、四川等省多有引种。1985年，全国农作物品种审定委员会认定为国家级良种。

水仙属无性系。小乔木型，大叶类，晚生种，三倍体。植株高大，树姿半开张，主干显，分枝稀，叶片水平状着生。叶长椭圆或椭圆形，叶色深绿，富光泽，叶面平，叶缘平，叶身平，叶尖渐尖，叶齿较锐、深、密，叶质厚、硬脆。芽叶淡绿色，茸毛多，较肥壮，节间长。

芽叶生育力较强，发芽稀，持嫩性较强，产量较高。春茶一芽二叶干样约含氨基酸2.6%、茶多酚25.1%、儿茶素总量16.6%、咖啡因4.1%，适制乌龙茶、红茶、绿茶。制乌龙茶，春茶适采期5月上旬，条索肥壮，色泽乌润，香气高长，滋味醇厚，回味甘爽。抗旱性抗寒性较强，扦插繁殖力强，成活率高。

2.梅占

梅占，又名大叶梅占，无性系。小乔木型，中叶类，中生种。原产于福建省安溪县芦田镇三洋村，已有100多年栽培史。主要分布在福建南部、北部茶区。1985年，全国农作物品种审定委员会认定为国家级良种。

植株较高大，树姿直立，主干较明显，分枝密度中等。叶片呈水平状着生。叶长椭圆形，叶色深绿，富光泽，叶面平，叶缘平，叶身内折，叶尖渐尖，叶齿较锐、浅、密，叶质厚脆。

春季萌发期中偏迟。芽叶生育力强，发芽较密，持嫩性较强，绿色，茸毛较少，节间长。适制乌龙茶、绿茶、红茶。制作乌龙茶香味独特。

（三）茶叶研究所选育的新品种

新品种的选育是根据预定的育种目标，通过系统选种、杂交育种以及其他育种方法育成的新品种。相对于地方品种，它具有较多的优良性状，一般以性状稳定优良的老品种为母本、父本进行人工或自然杂交，从杂交后代中，再选出最佳的植株，进行单株选育、区域性试验，再以无性繁殖方式进行推广种植。

1.瑞香

瑞香，无性系。灌木型，中叶类，晚生种。由福建省农业科学院茶叶研究所1979—2002年从黄棪自然杂交中经系统育成（闽审茶2003004），被列为福建农业"五新"品种。福建乌龙茶茶区及海南、广西、广东等茶区有栽培。2010年通过全国茶树品种鉴定委员会鉴定，编号国品鉴茶2010017。

植株较高大，树姿半开张。叶片呈上斜状着生。叶长椭圆形，叶色黄绿，叶面稍隆起，叶身稍内折，叶缘稍波浪状，侧脉较明显，叶质较厚软。

春季萌发期较迟，发芽整齐，芽梢密度高，持嫩性较好，茸毛少。春茶一芽二叶含茶多酚17.5%、氨基酸3.9%、咖啡因3.7%、水浸出物51.3%。产量高。适制乌龙茶、红茶、绿茶，且制优率高。制乌龙茶，色翠绿，香浓郁清长、花香显，滋味醇厚鲜爽、甘润带香，耐泡。

2.金牡丹

金牡丹，无性系。灌木型，中叶类，早生种。由福建省农业科学院茶叶研究所1978—2002年以铁观音为母本、黄棪为父本，采用杂交育种法育成（闽审茶2003002）。在福建北部、南部乌龙茶茶区示范种植。2010年通过全国茶树品种鉴定委员会鉴定，编号国品鉴茶20100024。

植株中等，树姿较直立。叶片呈水平状着生。叶椭圆形，叶色绿，具光泽，叶面隆起，叶身平，叶缘微波，叶尖钝尖，叶齿较锐、浅、密，叶质较厚脆。

春季萌发期较早，芽叶生育力强，持嫩性强，紫绿色，茸毛少。春茶一芽二叶含茶多酚18.6%、氨基酸3.7%、咖啡因3.6%、水浸出物49.6%。产量高。适制乌龙茶、绿茶、红茶，品质优，制优率高。制乌龙茶，香气馥郁芬芳，滋味醇厚甘爽。

3.黄玫瑰

黄玫瑰，无性系。小乔木型，中叶类，早生种。由福建省农业科学院茶叶研究所1986—2004年从黄观音与黄棪人工杂交一代中采用单株育种法育成（闽审茶2005002）。2010年通过全国茶树品种鉴定

黄玫瑰

委员会鉴定，编号国品鉴茶2010025。

植株较高大，树姿半开张，分枝密。叶片呈水平状着生。叶长椭圆形或椭圆形，叶色绿，有光泽，叶面隆起，叶身稍内折或平，叶缘微波，叶尖渐尖，叶齿较锐、深、密，叶质较厚脆。

春季萌发期早，芽叶生育力强，发芽密，持嫩性较强，黄绿色，茸毛少。春茶一芽二叶含茶多酚15.9%、氨基酸4.2%、咖啡因3.3%、水浸出物49.6%。产量高。适制乌龙茶、绿茶、红茶。制乌龙茶香气馥郁高爽，滋味醇厚回甘，制优率高。

二、"溪谷留香"的品类特征

"溪谷留香"是叶嘉岩茶厂的中高端系列产品。茶品用料讲究，精心制作，茶叶焙至中足火。盖香、水香、杯底香皆显，香味持久，富有层次。品质优异，推向市场后，好评不断。目前，形成了手工水仙、手工肉桂、水帘洞肉桂、坑涧肉桂、竹窠水仙、老丛水仙、马头岩肉桂、悠久留长、牛栏坑肉桂、专属定制、状元肉桂、鬼洞肉桂、不可思议、念念不忘、必有回想等产品。

（一）竹窠水仙

竹窠位于正岩慧苑坑附近，自古是产茶绝佳之地。清人查慎行《敬业堂诗集》云："山茶产竹窠者为上。"清代朱彝尊《御茶园歌》亦云："云窝竹窠擅绝品，其居大抵皆岩嶅。"比起三坑两涧那些狭长的山涧，竹窠的地势更加低洼。低洼的地势，汇聚更多的自然营养；土壤肥沃，水分充足，又避风排水，青苔滋生。小乔木水仙品种宽大的叶片决定了它光合作用能力比其他品种强，在竹窠里，每日短暂的光照对它来说，足矣。

此款茶品，干茶条索肥壮，色泽褐润。香气馥郁，极具独特山场气息，似兰花香熟棕叶香，滋味醇滑绵柔甘润，岩韵显。

| 溪谷留香茶品：不知春 | 溪谷留香茶品：悠久留长 | 溪谷留香茶品：状元肉桂 |

（二）牛栏坑肉桂

牛栏坑地势奇特，生态条件优越。它是一条东西走向的狭长谷地，全长不过2公里。坑谷中竹木成荫，两边奇峰对峙，常年涧水潜流。茶山多在半山悬崖上，一层层用石头垒成，不惜工夫，足见这些茶树之珍贵。如今崖壁、砌石之上早已布满青苔、藓草，岩石表面黝色苍苍，茶树生长其间汲天地日月之精华。所产之茶，香气饱满，令人齿颊生津。

此款茶品，择谷雨后当季优质原料，由首席制茶师手工制作。香气层次富于变化，初见焦糖香，继而花香，终现果香。滋味醇厚，岩韵悠长，具牛栏坑山场特有"骨鲠"的气息。

（三）状元肉桂

在2010年海峡两岸茶业博览会民间斗茶赛中，"溪谷留香"首席制茶师叶家亮所制作的肉桂一举获得状元称号。自此，秉承这一称号与品质，状元肉桂已成为"溪谷留香"的经典产品。

摩崖石刻"不可思议"

此款茶品，以三坑两涧优质肉桂为原料，精挑细选，传统手工制作，外形条索紧结，色泽褐润。香气馥郁隽永，岩韵悠长，滋味醇厚鲜爽，回甘持久。汤色橙红明亮。集香、清、甘、活于一身，为肉桂之上品。

（四）不可思议

此名来自牛栏坑一处摩崖石刻。水金龟之名传闻于明末清初，名声初起于清末，民国初年因争茶树引起诉讼，耗资千金而出名。其茶树母株现植于牛栏坑，为兰谷岩所有。该树原产在杜葛寨下，属天心寺庙产，一日大雨倾盆，峰顶茶园边岸崩塌，此茶树冲至牛栏坑之半岩石凹处停住，后山流成沟，经树侧而下。当时兰谷岩主遂于此树外凿石设阶，砌筑石围，壅土以蓄之，共三株丛生一处。因系水中来故以"水金龟"命名。1919—1920年，兰谷岩主与天心岩寺僧为此树引起诉讼，耗资数千，茶之名声亦随之而显，施棱曾慨叹并题字"不可思议"，石刻于山崖之侧以记之。自此水金龟之名大著，被列为四大名丛之一。

此款茶品借用水金龟之典故命名，以武夷山正岩茶区头春肉桂为原料，制作技艺精良，外形条索紧结，色泽褐润，品具溪谷幽兰之胜，味呈醇甘绵密之优，岩韵悠长，骨鲠在喉，为山川秀气所钟，岩骨坑源所滋，需细细品味，给人一种不可思议的体验。

溪谷留香
武夷岩茶香从何来？

160

第三节
鼎上笼中炉火温，
心闲手敏工夫细

"沃土育英才，实践出真知"。武夷山能不断向世人展示其"风味德馨，为世所贵"的各种名茶，不仅有"碧水丹山"这一得天独厚的宜茶环境，更因它是茶界人才辈出之福地。"肉桂状元"叶家亮成长的经历告诉我们：秉持"心闲手敏工夫细，一生专注做一事"的工匠精神，一定能在任何岗位上创造不凡的业绩。

一、与"叶嘉"巧遇

2011年深秋，刚到武夷学院不久，武夷山籍学生周彬约我到岩上茶区走走。我问他可否去拜访当地制茶能手？他爽快告之，带我去崇阳溪畔叶嘉岩茶厂，并告诉我厂长叶家亮是当年全市斗茶赛新科状元。我一听"叶嘉"，马上想起在苏轼那篇脍炙人口的《叶嘉传》中，被苏翁以拟人手法描写之"容貌似铁，清白可爱"的老茶农叶嘉先生来！我想，取这厂名的，如果不是一位学富五车的老学究，也许就是叶茂先的后代吧？沿着蜿蜒山路到了厂门口。一位高大帅气的小伙子满面微笑向我

叶家亮（右）与作者

们走来："我是叶家亮，欢迎刘老师！"没有想到厂长如此年轻，听说还是一个80后咧！简单的寒暄后，他便引领我们参观了宽敞整洁的晒青、摇青车间和焙房。时值深秋，但焙茶间仍热气腾腾。一笼笼正在经受文火慢炖的岩茶散发着阵阵幽香。我借多年前随陈椽先生来武夷山考察掌握的一星半点岩茶制作知识，向家亮提出一连串问题，如雨水青如何处理？摇青机怎么掌控夜间气温变化？机摇走水过程如何防止"死青"？等等。问题虽很专业，但家亮回答也很爽快。他还问了我制茶理论一些问题。我想：这是一个很用心的年轻人！到了品茶室，谈话继续。家亮拿出状元肉桂请我品尝。一阵沸水点泡后，满室飘香。一瞬间，多年未品到的高档岩茶浓

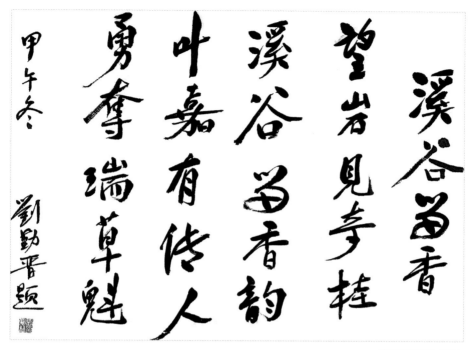

《溪谷留香》题诗

烈香韵,极富层次地回荡喉吻之间,立刻勾起我30多年前随陈椽老师应姚月明、陈清水之邀在慧苑坑品茗的一次回忆。"岩茶十泡有余香"这句名言,也就这次品茗中出自陈老先生之口。日渐西斜,该告辞了,但家亮执意要我留下宝贵意见!我即兴写了一首五言诗与其共勉:"望岩见奇桂,溪谷留香韵。叶嘉有传人,勇夺瑞草魁。"

二、"叶嘉岩"往事

故事还得从岩上的叶嘉岩茶厂讲起。武夷山崇阳溪北边,峻峭的莲花峰下,有一座柘洋村,据考证是宋元时期建窑遗址主要分布区之一。至今遇林窑尚耸立莲花

张天福先生与叶家亮

峰下。蜿蜒数百米的龙形窑被丛林掩映，直上山巅，十分壮观，成为武夷风景区一个重要景点。

山下崇阳溪缓缓流淌。柘洋有数百户居民，多以种植茶叶、水稻为生。近十多年来，由于岩茶产业兴起，村里也修建起十余座小型茶厂，叶嘉岩茶厂就在村口汽车站一旁。面积数千平方米新式厂房巍然耸立，不时传出轰隆的机器声。

在宽敞明亮的车间和焙房里，整齐排列着各种制茶机具，新茶焙火尚在进行，焙楼里茶香袅袅。武夷岩茶的关键工序是"做青"，包括晒、晾、囤、摇。故做青车间是工厂面积最大的厂房部分。时值深秋，车间已停止做茶，但清洁整齐的一件件制茶工具安静整齐摆放在一旁，像在接受检阅的士兵，炒揉烘车间和焙楼虽然悄然无声，但沁人心脾的茶香令人陶醉。带领我们巡视茶厂一周后，家亮把我们带进审评室——这里也是茶厂的接待室。映入眼帘的首先是家亮与百岁老人著名茶学家张天福先生生前的大幅合照。

2010年海峡两岸茶业博览会期间，百岁老茶人张天福来到武夷山，受到茶农们热烈欢迎，人们都争相与他合影留念。但张老尤喜与制茶能手们合影，意在鼓励青年茶人个个力争第一。听说家亮荣获"肉桂状元"之称号，老人欣然与他合照留念。

三、拜师学艺

这故事当从十年前谈起，叶家在柘洋村除了经营农业，村外岩坡上还种着数十亩柑橘树。随着武夷山茶业重新崛起，茶叶新品种推广步伐加快，家亮父亲叶景生在当地制茶能手王国祥的鼓励下，毅然砍掉自家柑橘，全部种上肉桂、水仙和新品种黄观音、金观音等。在柳德义先生的介绍下，他把刚从中学毕业的老二叶家亮送到武夷岩茶制作技艺传承人刘国英兴办的岩上茶厂学习制茶，达五年之久。

十六岁叶家亮来到岩上之初，学徒生活是十分清苦的。岩上的刘国明师父性格

叶家亮（中）与师兄刘国明（左）、刘德喜（右）

直率，真诚，从基础技术的传授，从扫地、烧木炭的小事做起，团结几位师兄弟一起做好事情，这种精神一直影响着叶家亮。

开始一个多月里，几乎没有睡觉时间，一个茶季下来，体重减少了10千克。熬夜，对于学徒工来说是家常便饭，因为"摇青"这道工序几乎半夜才能开始。四月的武夷山，夜间温度仍然很低，有时下降到10℃左右，摇青间升温就成为学徒们"岗位责任"，在铁炉上把木炭点燃，让青烟燃尽，才能将火炉放在摇青机房，凌晨天刚发白时，又必须拨亮火炉，并使炉温不减，为"走水""走透"维持必需的温度。有时，人已极度疲倦，两只眼皮不断打架，仍然要目不转睛盯着一炉即将熄灭的炭火，否则将受到师父的训斥。在岩上学徒期间，家亮勤奋工作，也向师父和几位师兄学习，很快掌握了"看天制茶"和"看茶制茶"的关键技术。

刘国英老师与叶家亮

俗话说，严师出高徒。刘国英言传身教，毫不保留地教授弟子。每年岩上茶厂会做些"小手工"茶，即用一些标准青，即质量好而量不多的茶青，开一个"小灶"。刘老师带着众弟子，认真观察，不论是萎凋的时间、走水的程度、香气的变化，于细微处一一感知，慢慢形成经验。刘国英视叶家亮为他众多弟子中的得意门生，认为他们师兄弟是刘门制茶传承的新一代，能吃苦，用心做茶，互相交流、团结与互助。在他门下，弟子们全程地参与采茶、品种的识别、挑青、做茶，涉及茶叶生产的每道工序，亲力亲为。这些经历对家亮成为优秀茶人，继而成为企业经营者奠定坚实基础。作为师父，刘国英期望弟子们将做茶作为终生的事业。叶家亮与刘国明、刘德喜、刘德生等同门互相切磋、研究，分享成果，取长补短，迅速提高技艺与境界，终于不负师父刘国英之期望。

家亮出师办厂之后，更勤奋和努力地工作，不断提高自己制茶水平。办厂初期十分艰辛，可谓全家总动员，一开始设备少而落后，产量也不多，产品单一。但仍可以随时与师父、师兄弟交流。他深知勤走茶山，才能了解不同山场气候与品种的特点，有针对性制订加工技术措施，在实践中逐步摸索茶叶高品质形成之规律。比如在解决成品茶苦涩现象的时候，不断试验与调整，在2015年，甚至几乎做坏了上千斤茶青。功夫终不负有心人，在长期实践中逐渐形成自己独特的"逆势条件优质肉桂加工工艺"，使得产品质量的稳定性大幅提升。叶嘉岩茶厂的"精品肉桂"在武夷茶区声名鹊起。最终，香高味厚，独具特色肉桂新品"溪谷留香"终于上市，并赢得八闽各地消费者认可。同时，叶嘉岩茶厂的规模也稳步扩大，从一开始的两个做青桶、两个萎凋槽，到如今的32个做青桶。毛茶产量，2018年也达到了3万余千克。

四、一生专注做一事

家亮身材魁梧，相貌堂堂，但平时却少言寡语。五年岩上学徒生活，熬夜制茶的实践练就他吃苦耐劳的精神，也为日后创制岩茶精品奠定坚强体魄基础，夜深人静茶青在竹编中躺着"走水"的情景也让他学会了冷静观察与思考。在这日复一日的宁静夜晚，他从茶青在"走水"中叶色的变化，渐渐体悟到了这一片片树叶的香气，是随着不同品种茶青梗叶失水色变而逐步形成的。他发现在做青和烘焙中茶的香气由低沸点的火气有规律有层次渐变出幽雅的花果香，"肉桂"先生的脾气似乎比温婉含蓄的"水仙"小姐更牛，稍有不畅，它更像个闷头儿小伙一样"躺下不干了"。

产品从研发到品质稳定，差不多整整两年。家亮十分珍视这不眠不休的两年，便把用三坑两涧品种拼配而成顶级肉桂命名为——"溪谷留香"，并及时制订标准，规范工艺，更新包装，并予注册。目前，经过几年反复研发的"溪谷留香"系列产品已经问世，在国内市场颇受欢迎。

随着个人技术的进步，"三坑两涧"的茶农们大多愿意把自己茶园的良种茶青卖给家亮。从而使叶嘉岩茶厂优质原料来源不断，也成就了溪谷留香系列产品的规模化。随着近年武夷茶区岩茶新品种不断涌现，叶家亮意识到，根据不同品种特点，制茶工艺更加需要精益求精，区别对待。因此他在机制车间旁恢复了手工制茶

叶家亮与师兄刘德喜探讨

叶家亮与徒弟杨一帆

车间，和刘德生等几位茶人，并带着杨一帆等徒弟对不同生态条件下生产的"小品种"茶开展新工艺的攻关。

他在实践中认识到不同天气条件，因茶树品种、采摘嫩度和含水量不同，其"做青"程度不同，"摇青"时间和焙火工艺也不相同，逐渐完成了从认识到实践，再从实践提升到经验的全过程。他想：这就是"看茶做茶"和"看天做茶"的道理吧！他也感悟到："人生不易，一生专注，做成一事更为不易。"

五、"匠心"出于细腻

武夷岩茶春茶采制通常在谷雨前后。这时的武夷山天气受东北风冷气团和太平洋暖湿气流交汇影响，常常产生强对流天气，时晴时雨，一日三变，很难把控。而优质岩茶制作，对天气要求又十分严格。

清初著名诗僧释超全，对武夷岩茶制茶季节的天气变化体会颇深，在他著名的《武夷茶歌》中曾有精准描述：

> 凡茶之产准地利，溪北地厚溪南次。
> 平洲浅渚土膏轻，幽谷高崖烟雨腻。
> 凡茶之候视天时，最喜天晴北风吹。
> 苦遭阴雨风南来，色香顿减淡无味。

此诗十分准确描述武夷岩茶采制期气候变化对制茶师的要求。因此，当地茶农对茶季山区气候变化十分关注，并有"看天做茶"和"看茶做茶"之俚语。我在武夷山生活五年多，对茶区人民关注谷雨前后天气变化深有体会。阳春四月，山区如果天气晴好，北风习习，则昼夜温差加大，新茶萌发后日渐茁壮成长，枝叶在艳阳

普照下熠熠闪光。茶农便兴高采烈忙碌起来，茶厂的烟囱也冒起白烟。山间公路上车辆穿梭来往，纷纷把采得的青叶运回茶厂。寂静的茶山，突然热闹起来，车间灯火通明，茶机隆隆作响。

　　在从谷雨到立夏短短十多个日日夜夜里，茶农们要把已现驻芽的茶青（俗称"开面茶"）全部采下树，送到茶厂及时加工；但由于品种特性的差异，不同品种之"下树期"各有不同，一年中牛栏坑、大坑口一带的采期相对接近，也是武夷茶农们一年中最忙的时候。因此，制茶大师们在茶季到来前必须对当年武夷山小气候有较为周密的预测与规划。特别是对正岩区域内的品种茶青有周到的安排，使茶厂不会因天道不佳，错失做高档茶机会。在武夷山，叶家亮就是对天气有精准掌握的"精算师"之一。

现在多数茶农已使用机采和机制，但对头春刚采下用空调车小心运回车间的茶青，他们爱护如对自己家的婴儿一样，轻取轻放，小心伺候。"走水"，是岩茶鲜叶在初步脱水萎凋后之关键工序之一，叶家亮和他的伙伴们熬更守夜待在青间里，用使用绣花针似的动作，小心伺候着使其完成"走水""还阳"的过程，仔细观察其叶色变化。这个过程从萎凋到炒青，需要12个小时之久。

的确，经日光晒青后的茶青，刚到青间时，无精打采懒散地蜷缩在茶區里。经过一个时辰，叶子又重获生机，精神抖擞摊放于茶區内。家亮拿起一片枝叶让我在灯光下观察，此时叶色变得浅黄发亮，叶脉也由深色变成半透明状，整个青间弥漫着一股淡淡的青苹果香，"做青"差不多一整夜，接近完成，要送去"炒青"了。此时，窗外已露出几点鱼肚白，林中鸟儿开始躁动起来。呵！又是一个不眠、艰辛的夜晚！

六、好茶出于设计

笔者从事《制茶学》教学科研已整整50年。从教数十年中，因学科为应用型、技术型的特点，实践教学、应用型科学研究占据了我大半生时间。细算一下，这辈子在上山下乡，下企业蹲点，外出考察，几乎跑遍大半个中国。南方茶区20多个省区（市），几乎都留下我的脚印。我深深体会到在茶的祖国，由于地域辽阔，茶资源丰富，加之茶树特有的生长繁衍特性，以及数千年来茶树在各地经人工选择与自然选择高度杂合，"中国茶"早已发生了与其原始性状完全不同的变化。近年港澳有人大炒"山头茶"，并对云南这块世界茶树起源中心"发明"了一个所谓的"板块学说"，把云南南部古茶树较集中地区分为"三大板块"。我认为这是根深蒂固的传统小农思想和商人唯利观点，把大自然最好的创造人为割裂之举。从现代遗传学的观点看，云南以澜沧江流域为中心的无量山、哀牢山、高黎贡山等横断山脉地带，保存了大量山茶科茶组植物的优良基因。它们因山脉水系的剧烈切割，不仅躲过几百万年前"冰河严寒"的袭击，而且由于茶树自交不育的自然特性，使其保存强大的生命力。云南大叶种——这个经长期自然选择和人工选择杂合而成的茶树群体，综合了茶有益于人类精神生活和身体健康的许多元素，而且成就了抵抗自然灾害的强大生命活力。当少数人将具有优良共性的原产地好茶称之为"山头茶"之时，我认为这是对云南古茶的玷污与亵渎。

当然，茶树这个属山茶科（Theaceae）山茶属（*Camellia*）茶组 [（*Camellia sinensis*）（L.）O. Kuntze] 的多年生常绿木本植物，由于异花授粉遗传特性，在分类学上有多种分类体系，但把被我国著名山茶科植物分类学家、已故中山大学张宏达教授命名为"普洱种"的大叶群体中之佼佼者泛称为"山头茶"，实在有辱滇省百万种茶先民！

但如何能使不同品种茶树群体克服由于产地环境、小气候及茶农种植水平的差异，所造成初级产品在进入商品以前不同程度存在的原料形态不齐、干湿不均、大小不匀、夹杂不净的缺点？笔者认为，关键在于做好商品茶品质的顶层设计与科学的精制匀堆工作。

七、茶叶精制与拼配

当完成岩茶初制的"走水焙"以后，每个茶厂都要付出巨大心血进行毛茶精制。"精制"是加工产业链中不可或缺的重要环节，是"商品茶"必经的一道重要程序，是茶叶商品从农产品变成工业产品实现增值获利的重要手段。精制就是应用物理方法将毛茶中长短不齐、粗细不匀、大小不均、夹杂不净的茶叶，加以分离、改造并除去黄片、茶梗、杂物、灰尘后产生的半成品（筛号茶）。然后对照加工标准样或市场贸易样进行拼合的全过程。即：

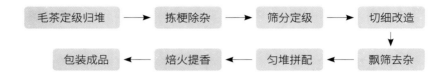

毛茶定级归堆 → 拣梗除杂 → 筛分定级 → 切细改造 → 飘筛去杂 → 匀堆拼配 → 焙火提香 → 包装成品

茶叶精制分筛筛号对照表

每寸孔数	3	3½	4	4½	5	6	7	8	9	10	12	16	18	24	36
每孔边长（毫米）	8	7	6	5	4	3.5	3	2.7	2.5	2.2	1.8	1.2	1.0	0.8	0.5
筛号茶名称	3孔	3.5孔	4孔	4.5孔	5孔	6孔	7孔	8孔	9孔	10孔	12孔	16孔	18孔	片末	细末
归段	茶头		上段			中段				下段		碎茶		副茶	

一款好的商品茶的设计拼配应依各类半成品筛号茶特征，对照茶叶实物标准，并按产品质量百分比，均匀、有层次地拼合成商品茶。溪谷留香系列产品正是经过叶家亮多年实践，总结出自己独特拼配方法，形成完整的拼配提香工艺。其中拼配的内容包括：外形或面张茶拼配；季节性拼配；地区性品质调剂；不同品质香味风格的拼配；突出各自风格的制法拼配。

可以说，拼配的又一重要目的是提高品质，创造品牌。因此必须注意市场需求调研与顶层设计。首先，顶层设计拼小样，即将精制分离的各种筛号茶按市场需求由审评人员在评茶室内试拼0.5～1.0千克小样，做到心中有数。其次，稳妥推进拼小堆样，看小样是否与标准一致，在大匀堆以前，必须对小样进行验证。验证堆至少50千克，拼配均匀以后予以确认。最后，严格拼配大堆样，大堆是企业产品对外成交的实物依据，对企业营销与品牌打造有深远影响。因此，拼配时要求拼准，不错拼，不漏拼。对产品的数量、质量要完全达到要求。

在实践中，叶家亮体会有以下四点：

第一，茶叶只有经过拼配才能形成"商品"。因为即使在正岩产区，肉桂与水仙毛茶仍存在不同山场、春水秋香、品种树龄之差异。作为商品茶，同一质量等级必须花色规格稳定一致：一个花色就有成千上万千克，要满足市场需求，唯一方法就是拼配。

第二，今日的岩茶已走向全国乃至海外；只有通过拼配才能满足消费者多元化口味需求，适应南北市场需要。

第三，通过精制与拼配，既可挖掘品种潜力，增加产量，又可调剂品质，提高质量，并形成稳定可持续的长期供货渠道。

第四，拼配才能最大限度发挥原料经济价值，适应市场各种口味需求。

实践中，叶家亮体会到茶叶拼配的目的可概括为四句话："美其形，匀其色，调其味，发其香。"差不多用大半年时间做完以下几件工作：严格对样，做到外形一致；色泽相似，口味协调；大小（样）相同，先后一致；控制成本，提高品质。

茶叶精制与拼配是茶叶加工极其重要的环节，不可忽视。归纳起来的口诀可为：对照标准，掌握家底，参考市场，调剂口味，做细拼匀，品质稳定，百年老店，就此形成。

总之，武夷岩茶也好，溪谷留香也罢，好山场只给好产品提供好原料！好茶，是懂茶人顶层设计出来的；好茶也是像叶家亮这样勤劳的工匠大师精心拼配出来的。

第四节
天地日月造有时，
兰香桂味木中生

)

近代仪器分析技术迅速发展，各种物质微量成分均可用先进仪器加以定性与定量。据研究，武夷岩茶特征香气成分已分离鉴定100余种，它们通过茶的加工热化学作用，在茶叶萃取过程中，按时间与温度变化而有不同呈现，并显示丰富的层次。"溪谷留香"的香韵在笔者研究与国家权威部门测定中已找到明确、可靠的答案。

笔者从事制茶工艺和品质化学高等教育与科研50年，一直对不同品种和地域所制茶叶品质形成机理抱着浓厚兴趣，在武夷山的五年多里，有幸更近距离地观察和了解武夷岩茶独特"岩骨花香"的形成，并从生态学、植物生理学和生物化学理论层面剖析其"香从何来"的道理。

"溪谷留香"是我国半发酵乌龙茶中品质尤为优异的一类。以岩骨花香、岩韵悠长著称。笔者近年研究岩茶品质发现，除因闽北武夷山特殊地势、生态、气候、土壤因素影响，茶树的品种、不同细胞结构、内源酶种类、特征香气组成和采制技术均对武夷岩茶之高香品质具有重要的影响。

一、我国最适茶树生长带

闽北武夷山，地处我国最适茶叶生长带上，北有大武夷山挡住冬季寒冷袭击，

武夷山鬼洞

水源充沛，植被茂密，森林覆盖率79.5%，为世界现存最典型、最完整、中亚热带原生森林生态系统保护区和国家级自然保护区。其茶叶分布区海拔350～700米，山峦重叠，沟壑纵横，茶区土壤由典型火山砾岩、片质页岩及砾质砂岩风化而成，经茶农千百年来客土砌坎，筑梯垒土，使茶园土层疏松，有机质丰富，保水保肥，茶树根系发育良好。尤其正岩诸峰，"三坑两涧"之间，即牛栏坑、慧苑坑、大坑口、流香涧、悟源涧。正如《茶经》所述，其土壤多为风化页岩之烂石为主，经当地茶农世代辛苦垦殖，客土垒坎，茶园肥力充足，保水保肥，极宜良种名丛之生长，故武夷正岩及其周边成为武夷茶最适生长带。

二、茶树种质资源基因库

武夷山有茶的记载，在两千年前的汉代已经开始。因茶树异花授粉的特性，使武夷茶在历史长河中实现高度杂合，孕育出大量优良单株，表现出丰富的多样性。经过武夷山先民们长期人工选择，成就了"溪边奇茗冠天下，武夷仙人从古栽"之美誉。据民国时期著名茶人林馥泉调查，1939—1945年，因"生态与品质完全不同者"就有十种：菜茶、水仙、乌龙、桃仁、奇兰、铁观音、梅占、雪梨、黄龙、肉桂。而本地茶农以种植菜茶和水仙为主，占80%以上，因采用茶籽繁殖，由于自然杂交结果，其种性已混杂不堪，当地统称菜茶。而所谓"名丛"均乃"菜茶"群体中表现优异的某一单株，如大红袍、铁罗汉、白鸡冠、不知春等名丛，均由"菜茶"群体中由某嗜好者单株选择，并用无性繁殖，如分株、压条等方法保存的结果。"四大名丛"的故事也由此而来。林馥泉仅根据叶形记录的"种"就达九种之多：菜茶、小圆叶种、瓜子叶种、长叶种、小长叶种、水仙形种、阔叶种、圆叶种、苦瓜种。而大红袍等五大名丛尚不在其中。可见，武夷茶种种质资源基础之雄厚，为优良茶树品种的选育提供巨大的空间。

三、岩茶品种的香气前体

研究表明，岩茶品种成熟新梢中不仅含有游离态芳香醇及单萜类化合物，还有丰富的糖苷，如葡萄糖苷、樱草糖苷等；它们是茶树生长发育中二级代谢产物，是茶树芳香油之重要组成部分。当茶叶采摘后，在缺水或外力伤害条件下，这些糖苷类物质在酶的作用下水解，释放出花与果实之香气。岩茶肉桂、本山、梅占等品种叶片厚度均在300微米以上者，其叶背角质层细胞油腺发达，不饱和脂肪酸存在于叶背细胞的油腺内，当叶细胞失水后，水分亏缺及叶片损伤等胁迫环境使糖苷类物质水解，随即释放花、果实之香气，这就是"溪谷留香"香气来源。叶家亮懂得这一切以后，他用精湛的技术把这些准香气成分变成沁人心脾的花果香，极大提高了叶嘉岩茶的市场知名度。

在茶树鲜叶中，β-樱草糖苷是乌龙茶主要的香气前体(先质)。在酶的作用下可分解形成香叶醇、芳樟醇、2-苯乙醇、苯甲醇及芳樟醇氧化物（I-II）等香气成分单体，这些单体成分主要从它们的双糖苷中，利用β-樱草糖苷酶加水分解。β-樱草糖苷酶存在于细胞壁，而β-樱草糖苷的基质又存在于细胞的液泡内，二者通常情况下被隔离开来，只有在遭遇做青或叶片局部受到伤害等外部条件下才有可能发生酶促反应。

几种乌龙茶品种叶片细胞结构

品质	叶全厚 (微米)	角质层厚 (微米)	气孔数 (12.5×10)	气孔大小 (长×宽)	腺鳞	白毫
铁观音	280~300	2	187~208	40×32	√	√
毛蟹	340~360	2	165~197	44×32	√	√
奇兰	268~275	1.5	263	40×36	√	√
黄棪	380~400	2	339~341	40×36	√	√
梅占	280	3	130~140	40×36	√	√
本山	320~360	2~3	201~208	40×36	√	√
福建水仙	240	2	136~148	48×48	√	√
大叶乌龙	260~270	2	152~168	40×36	√	√

资料来源：严学成，1982.福建乌龙茶品种间叶结构的比较[J].福建茶叶(2).

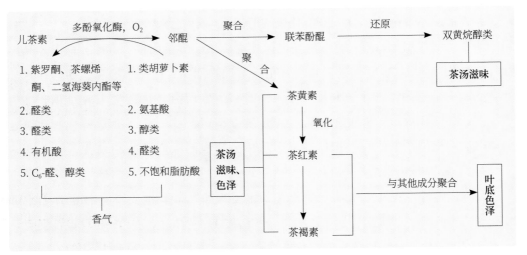

武夷岩茶"做青"过程中主要成分变化路线图

资料来源：宛晓春，2003.茶叶生物化学［M］.北京：中国农业出版社.

岩茶的制造时间约为一昼夜，有较大的空间使酶发生作用，当温湿度适合时，β-樱草糖苷酶在做青条件下，与基质迅速结合，萎凋叶发散出明显的花香。用丙酮粉法测酶活性时发现，以樱草糖苷为基质来测定萎凋后的酶活性提高了22%。虽然双糖基糖苷酶的存在很早就被人们得知，可是在酶化学领域却几乎没有被研究过，坂田完三（1991）在研究乌龙茶香气生成原理时，发现偶然出现的β-樱草糖苷酶原来就是这种双糖基糖苷酶。

四、岩茶特征香气之组成

做青对岩茶品质形成十分关键，是岩茶特殊香味形成的基础与前提。岩茶采摘要较成熟的对夹3～4叶，原因也在此！

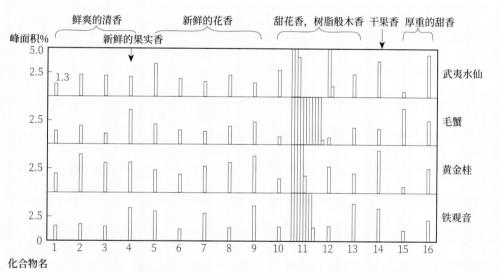

化合物名
1. 乙醛（Hexanal）　2. 沉香醇异构体（Linlool Ⅰ、Ⅱ）　3. 沉香醇氧化物（Linlool）　4. 橙花醇
5. 沉香醇　6. 拢牛儿醇　7. 苯乙醇　8. 苄醇　9. β-紫罗酮、顺式茉莉酮　10. α-萜品醇　11. 橙花叔醇
12. 雪松醇　13. α-法尼醇　14. 茉莉内酯　15. 吲哚　16. 苯甲基氢化物

代表性乌龙茶特征香气成分

资料来源：山西贞，1992.お茶の科学［M］.日本：裳华房.

五、与山头茶之香气比较

近年来，随着国内某些茶区对"山头茶"炒作兴起，武夷岩茶产区也掀起炒"山头"之风。笔者前文已交代，"武夷岩茶"前人对其品质分类，只有"正岩""半岩""洲茶"及"外山茶"之分。而正岩主要指"三坑两涧"。前文已有关于"三坑两涧"茶青品质优异的原因之清楚交代。事实上"三坑两涧"的正岩地区生态气候及土壤大同小异。叶家亮的"溪谷留香"系列产品正是用这一地区当季茶青精心制造的结果。2014年，笔者曾用"溪谷留香"与"牛栏坑肉桂""马头岩肉桂"两个单品送国家茶叶质检中心（杭州），采用液质联用标准方法对三支茶香气及其感官品质进行权威鉴定。结果表明，"溪谷留香"较两支著名的"山头"单体茶香气更为浓郁芬芳，其感官审评得分，显著高于后者，而"溪谷留香"香气组分更为协调：如下表中显红字者，多为幽雅花果香主要成分；表后所列数据则较充分证明，岩茶上品如溪谷留香之类，花果香成分占了较高比例(42.2%)；而焦糖香组分相对较少。

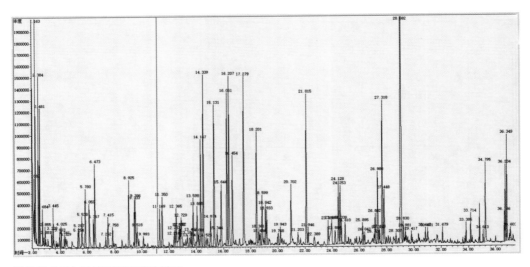

溪谷留香香气及感官品质鉴定结果

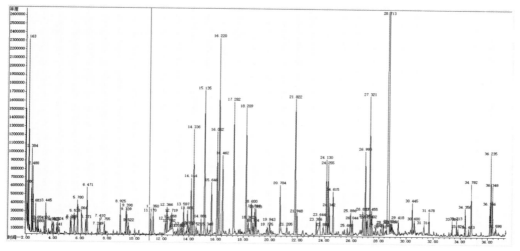

马头岩肉桂香气及感官品质鉴定结果

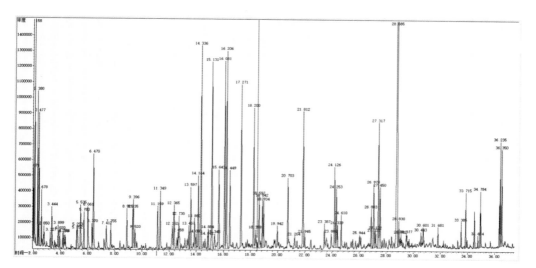

牛栏坑肉桂香气及感官品质鉴定结果

溪谷留香与山头茶品质比较

（国家茶叶质检中心，2014）

茶样	外形		香气		滋味		汤色		叶底		综合得分
	评语	得分	评语	得分	评语	得分	评语	得分	评语	得分	
溪谷留香	条索肥壮，色泽褐润，匀整	96.2	鲜浓持久，花香显露，岩韵悠长	98.1	醇厚鲜爽，回甘、留香持久	97.9	橙红黄，明亮，清澈	95.6	浅黄，肥软，明亮	97	97.42
牛栏坑肉桂	条索肥壮重实，色泽褐润	94.8	鲜纯，岩韵悠长	95.5	醇爽回甘，岩韵显	95	橙黄，明亮	94.5	黄褐，花杂，尚软	95	95.09
马头岩肉桂	条索肥壮，色泽褐润	94.6	鲜浓有奶香，岩韵悠长	94.4	醇爽味厚，岩韵持久	94.3	橙黄，明亮	94	黄褐，明亮	94.3	94.38

"溪谷留香"与山头茶香气成分比较

（国家茶叶质检中心，2014）

单位：%

成　分	溪谷留香	牛栏坑肉桂	马头岩肉桂	
儿茶素	7.2	6.5	7.1	香型比重
游离氨基酸	0.5	0.5	0.6	
特征香气组分				
异戊醛	1.88	1.65	1.05	
2-甲基丁醛	1.79	1.56	0.79	
N-乙基吡咯	1.47	0.89	0.91	焦糖香
2-甲基吡嗪	1.28	1.10	0.76	
糠醛	2.21	2.39	1.41	溪谷留香：15.81
丙烯酸丁酯	1.69	0.91	0.59	牛栏坑肉桂：13.35
2，5-二甲基吡嗪	1.08	0.76	0.51	马头岩肉桂：8.46
2-乙酰基呋喃	1.41	1.33	0.85	
苯甲醛	1.03	1.09	0.62	

成　分	溪谷留香	牛栏坑肉桂	马头岩肉桂	香型比重
特征香气组分				
5-甲基呋喃醛	1.27	1.41	0.70	
β-蒎烯	0.99	1.31	0.77	
萜二烯	1.19	1.38	0.73	
苯甲醇	1.05	0.84	0.80	
苯乙醛	2.71	1.78	1.79	
二甲基戊酸甲酯	4.35	4.74	2.77	**花与果实香**
2-乙酰吡咯	0.98	0.55	0.57	
芳樟醇氧化物（Ⅰ）	3.83	4.65	3.99	溪谷留香: 42.23
芳樟醇氧化物（Ⅱ）	2.06	2.38	1.68	牛栏坑肉桂: 42.96
芳樟醇	4.18	4.64	3.48	马头岩肉桂: 37.74
脱氢芳樟醇	4.63	4.93	6.14	
苯乙醇	2.29	1.80	2.40	
苯乙腈	4.60	3.93	3.87	
芳樟醇氧化物（Ⅲ）	2.83	3.26	3.71	
α-松油酯	1.14	1.23	0.84	
水杨酸甲酯	1.05	1.21	0.75	
香叶醇	1.35	1.44	1.68	
吲哚	4.12	3.26	5.02	**幽雅花香**
己酸叶醇酯	1.52	1.82	1.98	
己酸己酯	1.38	1.28	1.92	溪谷留香: 41.96
茉莉内酯	1.55	1.21	1.91	牛栏坑肉桂: 43.69
α-法尼烯	3.48	2.86	3.79	马头岩肉桂: 53.80
2，4-二叔丁基苯酚	1.10	1.03	0.39	
橙花叔醇	20.03	22.90	29.34	

第五节
烹之有方饮有节，
一杯啜尽一杯添

)

茶的冲泡与品饮，既是一门生活常识，也是独具中国特色的美学文化。陆羽《茶经》规范唐代煮茶法二十四器，即为品饮之道奠定理论基础。明代文人饮茶，更将其发展到了极致。今日古为今用，创造了多种形式的饮茶法，"溪谷留香饮茶法"推陈出新，使人们对风味德馨的各品类茶叶爱不释手，一杯啜尽一杯添，使茶汤之美达到一个更高境界。

一、择器

茶事活动从茶器展开，无器则不成。选择是否得当，直接影响茶汤的品质。同时，茶器之雅致，是茶人品位的表征。

茶的历史发展至今，茶器随着茶的饮用方式而演变。唐代煮茶法以陆羽《茶经》"四之器"为圭臬。陆氏茶有仪轨，严苛到"二十四器阙一，则茶废矣"。整体系统科学、完整，富含审美精神，影响至今。它们包含了生火用具、煮茶、烤

《茶具图赞》"十二先生"

茶、碾茶、量茶、盛水、滤水、取水、分茶、盛盐、取盐、饮茶、清洁、盛贮和陈列等用具，满足了煮茶、饮茶的每一步骤。对碗的选择，反映茶人审美。碗以青瓷为上，陆羽认为"邢不如越"，理由有三："若邢瓷类银，越瓷类玉，邢不如越一也；若邢瓷类雪，则越瓷类冰，邢不如越二也；邢瓷白而茶色丹，越瓷青而茶色绿，邢不如越三也。"使用青瓷，茶汤映衬的效果最符合唐人的审美，正如陆龟蒙所描述的秘色瓷："九秋风露越窑开，夺得千峰翠色来。好向中宵盛沆瀣，共嵇中散斗遗杯。"

　　"点茶"是宋代的主要饮茶方式，使用的茶器以审安老人的《茶具图赞》"十二先生"为范。十二先生假以职官名为器名，并附姓名字号：韦鸿胪（焙茶笼）、木待制（碎茶器）、金法曹（茶碾）、石转运（茶磨）、胡员外（茶勺）、罗枢密（茶罗）、宗从事（茶刷）、漆雕秘阁（漆制茶托）、陶宝文（茶盏）、汤提点（汤瓶）、竺副帅（茶筅）、司职方（茶巾）。它们在炙茶、碎茶、碾茶、罗茶、点茶、击拂等步骤中各司其职。

当时斗茶流行，也称茗战，南宋刘松年绘《茗园赌市图》，见斗茶盛况，"斗茶味分轻醍醐，斗茶香分薄兰芷"。胜负要诀主要包括茶质的优劣、茶色的鉴别和点茶技术的高拙。斗茶之色贵白，多用黑釉系的建盏，因此蔡襄说："茶色白宜黑盏……其青白盏斗试自不用。"建盏釉面纹路多样，具有兔毫、鹧鸪斑纹的茶盏，受到时人的珍赏。试看文人的诗词吟咏：

忽惊午盏兔毛斑，打作春瓮鹅儿酒。（苏轼《送南屏谦师》）

纤纤捧，研膏溅乳，金缕鹧鸪斑。（黄庭坚《满庭芳 茶》）

鹧斑碗面云萦字，兔褐瓯心雪作泓。

（杨万里《陈蹇叔郎中出闽漕别送新茶李圣俞郎中出手分似》）

无论是兔毫还是鹧鸪斑，釉色与白色的汤花形成强烈的视觉对比，引发别样诗情画意。建盏不仅满足了文人、士大夫的生活需求与享受，更充实了他们的内心世界。宋代文人不吝惜笔墨，建盏成为诗词中的常咏之物。

明代的饮茶风尚，因散茶成为主流，煮茶、点茶用器式微，以壶冲泡叶茶成为主要饮茶方式。由于不再需要盏中击拂茶末，而改用容量较小的茶盅，饮茶杯特重白瓷，泡茶壶则喜宜兴紫砂或朱泥茶壶。《阳羡茗壶系》："壶于茶具，用处一耳，而瑞草名泉，性情攸寄，实仙子之洞天福地，梵王之香海莲邦。"说的是，壶就茶具来说，用处是专一的，而上好的茶叶和有名的泉水，它们能否充分展现其性情与之息息相关，茶壶真如仙子的洞天福地，梵王的香海莲邦一样，能使饮茶达到极高的境地。文震亨《长物志》说道："茶壶以砂者为上，盖既不夺香，又无熟汤气。"点明紫砂壶的妙处。紫砂气孔分成开口气孔与闭口气孔，这样特殊的结构，使它具有良好的透气性。冯可宾《岕茶笺》以为："茶壶，窑器为上，又以小为贵，每一客壶一把，任其自斟自饮，方为得趣。何也？壶小则香不涣散，味不耽搁。"

小壶功夫泡法与武夷茶的品质特征相得益彰。茶具精巧，用孟公壶、若深杯，品武夷茶，"饮必细啜久咀"。《龙溪县志》载："近则远购武夷茶，以五月至，至则斗茶，必以大彬之罐，必以若深之杯，必以大壮之炉，扇必以琯溪之箑，盛必以长竹之筐。"壶可多次冲瀹而出，小杯可细细品啜，"瓯如黄酒卮，客至每人一瓯，含其涓滴咀嚼而玩味之"。功夫泡茶法对于武夷茶特点的体现大有裨益。

现代茶器延续了明代以来的传统，也催生出新兴的茶器。无论从材质上、造型上，都有新的亮点。茶具多样，针对岩茶来说，常用者就有十余种，如茶壶、盖碗、托器、闻香杯、茶海、茶荷、渣匙、茶通、茶盘、则容等。

1. 煮水壶、风炉

烧水用器。功夫茶泡法多用风炉煮水。有银、锡、铁、铝、陶、玻璃等材质。

2. 茶壶

明代在前人用"汤瓶"点茶的基础上，发明用宜兴朱泥或紫砂拉坯制成小型陶壶泡茶。因其泥质优良，透气性佳，可塑性好，壶身久泡温润如玉。茶人有养壶之习惯，紫砂壶在明代迅速传播，以江苏宜兴丁蜀镇产驰名。明代有供春、时大彬，清代则有陈鸣远、杨彭年，现代为顾景舟、蒋蓉等著名大师，其所制作品流传于世，尤为闽人品具岩骨花香之武夷岩茶所钟。

3. 盖碗

最早在西蜀一带流行，传说为唐代成都太守崔宁之女所发明。盖碗共分三部分：茶碗、碗盖、茶托（亦称茶船），多为陶瓷制成。盖碗因敞口冲泡方便，亦可多用，茶托

盖碗

让茶水不易溅出，且不烫手，颇受茶馆、茶客之欢迎。成都茶楼称之"三才碗"，以天、地、人喻之。

4.匀杯

也称公道杯，有三人以上品茗，茶壶和盖碗均不堪负荷，以匀杯盛贮，使冲泡各次之茶浓淡一致，供品茗者均衡享用。匀杯亦有沉淀茶渣作用，避免叶底掉入品茗杯中。

5.茶杯（杯托）

台湾茶人解致璋认为，茶杯的力量，足以改变茶汤的风味。用不同质地、颜色、形状、大小、高低、厚薄的杯子品茶，茶汤的香气和滋味就会呈现不同的气质。溪谷留香的饮用茶杯，以小为上。清人郑杰在《武夷茶考略》中说，尝武夷茶，"须用小壶、小盏。以壶小则香聚，盏小可入唇，香流于齿牙而入肺腑矣。"以白釉或浅色为佳，可观汤色。使用杯托，以求不会烫手。主人给客人奉茶，杯托的使用，更为方便，也显得雅致。杯托的选择，要与杯子的大小、形状、颜色，甚至材质相称。

6. 闻香杯

闻香杯，为台湾茶人于20世纪70年代所发明。当时台湾外销茶因岛内需求上升而转向内销，香高味醇的"金萱""四季春"品种问世，茶艺馆如雨后春笋兴起。由于茗香令人陶醉，以敞口浅底茶杯盛茶，香气易失，敛口而身长的闻香杯应运而生，泡茶闻香蔚为风气。

7. 茶则

又称茶匙，舀取茶叶用。陆羽《茶经》："若好薄者减，嗜浓者增，故云则也。"手上有汗、护手液之类的气味，不要用手直接取茶叶，以免沾染杂味。

8. 茶荷

从茶罐中取干茶，铲茶入荷，可供客人欣赏茶叶外观，亦方便置茶于壶中，可防茶叶外落，也很卫生，脱去"手抓"的不雅习惯。

9. 茶通

鉴于小壶泡日趋流行，因壶口小，茶渣易塞流口，此时可用茶通打通流口，使之流畅。实则方便壶中水流而已。但此器用毕必须清洗干净，否则易生霉变或引入异味。

10. 托容

杯托置于茶桌上容易流失，托容则可将多个杯托集中妥存，既清洁卫生，又便于管理。但因茶杯大小不一，应选用多种杯托。实践表明，一方茶桌上宜置一副尺寸稍大杯托和一副托容，足矣。

11. 渣匙

每次茶事结束，壶内茶渣清理实为琐事，但若不及时清理，茶渣滞留壶中易带来真菌滋生。渣匙虽小，但在茶事中却扮演着不可或缺之角色。

12. 则容

则容，收纳茶通、渣匙、茶则之圆（方）筒容器，似笔筒状，但稍小，在茶席上更显雅致，可起示人以茶席的标识作用，有给茶席画龙点睛之感。

13. 茶巾

陆羽《茶经》称"巾"，《茶具图赞》称"司职方"，号洁斋居士，清洁之用。茶席上用以擦拭茶壶的水滴或溢出的茶汤等。

此外各种茶器尚有选用茶盘、茶车及各种插花、香道用具等，这里不赘述。如今的茶器更加生活化、时尚化、艺术化与现代化，可以根据不同情况，选用与搭配适宜的茶器。

二、选境

环境决定了品茶氛围与感受，包括了空间的光线、温度、布置等。品茶环境需要营造，是一种处理空间的艺术。古人饮茶之所，处处皆自然，都是他们林泉之志的寄托。陆羽《茶经·九之略》在规范之外给出了余地：若是瞰泉临石、松间石上，茶器的使用自由而俭约。到明代，就出现了专门喝茶的小屋，称为"茶寮"，"小斋之外，别置茶寮。高燥明爽，勿令闭塞。"不仅有单独的空间，也寻找适宜饮茶的时间，如明窗净几、茂林修竹、荷亭避暑、小院焚香、清幽寺观、名泉

怪石；寻找饮茶的"良友"，如清风明月、竹床石枕、名花琪树等。这些都是饮茶环境的鲜活元素。

这样的例子不胜枚举，徐渭在《煎茶七类》中，道出了文人群体对饮茶环境的意趣："凉台静室，明窗曲几，僧寮道院，松风竹月，晏坐行吟，清谭把卷。"生活在晚明江南的黄龙德嗜茶，写《茶说》，谈茶艺与茶事，说"茶灶疏烟，松涛盈耳，独烹独啜，故自有一种乐趣"。在"九之饮"中，道出对饮茶之境的见解：

> 若明窗净几，花喷柳舒，饮于春也。凉亭水阁，松风萝月，饮于夏也。金风玉露，蕉畔桐阴，饮于秋也。暖阁红炉，梅开雪积，饮于冬也。僧房道院，饮何清也。山林泉石，饮何幽也。焚香鼓琴，饮何雅也。试水斗茗，饮何雄也。梦回卷把，饮何美也。

这是他的茶事体验，四季流转，品味清、幽、雅、雄、美之意境。他们寄情山水，闲来读书，邀友人饮茶抒怀，过着隐逸的生活。

饮茶对坐客也有原则，要有趣味高尚，懂得欣赏茶的茶客。茶不仅是单纯的饮料，更是一种艺术，需要有知音，否则就如同对牛弹琴，虽有"高山流水"的雅意，而无伯牙子期的相知；虽有无上妙品之嘉茗，却只能暴殄天物于"煮鹤焚琴"之客。唐代诗僧皎然《晦夜李侍御萼宅集招潘述、汤衡、海上人饮茶赋》描写了一场高雅的茶会，友人有隐士，有僧人，他们弹琴、作诗、饮茶，直到天亮。一起喝茶的人，应看人数是否得宜、是否志同道合。因此古人这样写道：

> 饮茶以客少为贵，客众则喧，喧则雅趣乏矣。独啜曰神，二客曰胜，三四曰趣，五六曰泛，七八曰施。
>
> （张源《茶录》）
>
> 茶侣：翰卿墨客，缁流羽士，逸老散人，或轩冕之徒，超然世味者。
>
> （徐渭《煎茶七类》）

在文徵明《惠山茶会图》、唐寅《品茶图》、仇英《烹茶论画图》、孙克弘《销闲清课图》、丁云鹏《玉川煮茶图》、陈洪绶《闲话官事图》等明代茶画中，二人至三四人的小众茶会十分普遍，"无论是在伴有茶寮的几榻明净山房，或幽美园林一隅，或泉林山野间，皆见二三侍童忙于备茶、焚香、插花或提取书

文徵明《品茶图》

画卷轴等场景，主客们则悠闲自得，把卷论画，尽收品茗趣味。"他们看到了茶客的人数、身份与饮茶意境的关联，多则嘈杂，气味不相投者则失趣。处处反映了明代文人丰富、趣味高雅的品茶文化。

品饮武夷岩茶，追古风更为雅致。茶空间的选择与营造，不可随意。茶室设计可典雅，使轩窗通透，有绿植掩映。字画、书籍、插花的点缀，增文雅与趣味。

饮茶的空间回归自然，也是一种选择。比如武夷山的遇林亭窑址，是不错的饮茶之地。四周层峦叠嶂，中有小溪注入崇阳溪。古窑遗址前，草地开阔，可置茶席，近有山泉水可汲，似回到了陆羽《茶经·九之略》的自然野趣。

另外，喝茶空间若在室内，温度保持25度左右，保持通风。温度过低则影响茶汤的温度，影响茶香的散发。冬季饮茶，可以选择空调控温。

三、备水

水是茶叶色香味品质的释放和形成的载体，水质好坏直接影响茶汤的品质。明代张源《茶录》："饮茶，惟贵乎茶鲜水灵。""茶者，水之神；水者，茶之体。非真水莫显其神，非精茶曷窥其体。"张大复《梅花草堂笔谈》："茶性必发于水，八分之茶，遇十分之水，茶亦十分矣。八分之水，试十分之茶，茶只八分耳。"水对于茶的重要性，古人早已参透。不过，这些见解并不是发端。西晋杜育在《荈赋》中，就说要用岷江中的清流，煮"焕如积雪"的茶汤。到唐代，陆羽煮茶用水，认为"山水上，江水中，井水下"，流动的水最好，活水最好，死水不可取。山水好，因为经过山石过滤，流出来的泉水是最好的。山水要选择乳泉，质地好，还有石池慢流、得到充分过滤的水。瀑布水与急流的水不好，因为内含冲下泥沙与其他污秽。至于江水，需远离人类居住地的，免受污染。井水流动性小，要汲经常取的井。总之，水的要求是干净、清洁、鲜活。

唐人张又新《煎茶水记》记录了一份水单，历数天下名泉。虽不尽客观，但可窥见时人对煎茶用水的追求。辑录如下：

庐山康王谷水帘水第一；

无锡县惠山寺石泉水第二；

蕲州兰溪石下水第三；

峡州扇子山下有石突然，洩水独清冷，状如龟形，俗云虾蟆口水，第四；

苏州虎丘寺石泉水第五；

庐山招贤寺下方桥潭水第六；

扬子江南零水第七；

洪州西山西东瀑布水第八；

唐州柏岩县淮水源第九；淮水亦佳

庐州龙池山岭水第十；

丹阳县观音寺水第十一；

扬州大明寺水第十二；

汉江金州上游中零水第十三；水苦

归州玉虚洞下香溪水第十四；

商州武关西洛水第十五；未尝泥

吴松江水第十六；

天台山西南峰千丈瀑布水第十七；

郴州圆泉水第十八；

桐庐严陵滩水第十九；

雪水第二十。用雪不可太冷。

张又新特别指出："夫茶烹于所产处，无不佳也，盖水土之宜。离其处，水功其半，然善烹洁器，全其功也。"这句话从我们的饮茶实践中，得到验证。武夷岩茶，泡以武夷山的水，效果最佳。

明代文人追求名茶名泉，认为精茗蕴香，借水而发。明代文学家李日华《味水轩日记》中，细致记录了他的品茶生活，有他品尝过的天下名茶：虎丘茶、普陀茶、龙井茶、龙湫茶、松萝茶、岕茶、伏龙茶等。又记泡茶用水：

> 万历三十七年（1609年）三月二十七日，惠山载水人回，得新泉二十余瓮。前五日，昭庆云山老僧寄余火前新芽一瓶，至是开试，色香味俱绝。　　七月二十二日，海上僧量虚来，以普陀茶一裹贻余。余遣僮棹舟往湖心亭挹取水之清澈者，得三缶，瀹之良佳。
>
> 万历四十四年（1616年）四月二十三日，买茗，得龙井一缶，天目精者二缶。主僧云山贻手焙茶二小缶。以兔儿泉沃之，良妙。　　五月十二日，雨不歇。门人许觉三从林屋回，携得护法泉见饷，适歙友吴存吾以手焙松萝茗一裹寄惠，点试，良妙。

他用惠山泉泡瀹明前茶，品味到最好的色香味。又用护法泉，冲泡松萝茶，体味茶之妙义。李日华另有《惠山泉》一诗："素灵蘗神化，借酿清寒中。月魄照无影，云英时湛空。方诸吸明水，圆淀起沉虹。瑶山有奇英，玉液相春容。春乳发醅渌，秋涛汲碧潼。卓哉上善质，果与仙灵通。诗脾频漱瀹，出语含松风。"用尽溢美之词形容，表达他对名泉的喜爱。同时，叙述不辞路远、麻烦，四处寻泉作为泡茶用水。

名泉多不幸，常成为历史。很多名泉，要么干涸，要么被投了硬币而不再清洁。泡茶追名泉，已是不易之事。从这个实际出发，我们泡茶或就地取材，或市场购买。首先，要用软水，因为硬度高的水泡起来，香气不扬，水色显暗，滋味变差。泡溪谷留香，最佳莫过于武夷山的山泉水，水质软而甘冽，富含矿物质。明人

陈勋武夷试茶，取山泉水，"瀹之松涧水，泠然漱其华"。如果不在武夷山，这样的需求恐无法满足，则可以选择当地上好的山泉水，且需要远离人烟和污染源。其次，可以购买矿泉水，有的水富含微量元素，有益我们的健康。不过，我们最常也最便捷的是取用自来水。自来水要考虑杀菌用的"余氯"，储水池与输送管道的异味等弊端，它们会破坏茶香，因此一定要先过滤，方可泡茶。

备水的另外一个问题，则是水温的把控。古人煮水候汤，就说"其沸，如鱼目，微有声，为一沸。缘边如涌泉连珠，为二沸。腾波鼓浪，为三沸。已上水老，不可食也"，又言"活水还须活火烹，自临钓石取深清"，这里说的"水老"与"活"，实则是含氧量的问题。含氧量高的水，茶汤爽口，有活性。泡起茶来，茶香较易溶于水。

四、冲泡与品饮

武夷岩茶的冲泡与品饮，首先是泡法的讲究。茶叶量的增减，水温的高低，浸泡时间的长短，都会改变茶汤的香气与滋味。目前就大体方法来说，盖碗泡法和小壶泡法，是冲泡岩茶的常见手法。

小壶泡法之于武夷茶，有个著名的典故，是清代著名诗人、美食家、随园老人袁枚，他一开始不喜武夷茶，嫌它"浓苦如饮药"。后来再游武夷山，受僧人、道士以茶款待，却一反之前对武夷茶的印象：

> 杯小如胡桃，壶小如香橼，每斟无一两。上口不忍遽咽，先嗅其香，再试其味，徐徐咀嚼而体贴之。果然清芬扑鼻，舌有余甘。一杯之后，再试一二杯，令人释躁平矜，怡情悦性。始觉龙井虽清而味薄矣，阳羡虽佳而韵逊矣。颇有玉与水晶品格不同之故。故武夷享天下盛名，真乃不忝。且可以瀹至三次，而其味犹未尽。

文中描绘的是小壶冲泡武夷茶，小杯品啜。袁枚《试茶》诗也写道："道人作色夸茶好，磁壶袖出弹丸小。一杯啜尽一杯添，笑杀饮人如饮鸟。……我震其名愈加意，细咽欲寻味外味。杯中已竭香未消，舌上徐停甘果至。"小壶泡法，品出武夷茶香醇回甘的特点。古人饮茶，讲究方法，陆羽说"乘热连饮之"，明代文人上升到艺术美，说喝茶叫"啜香"。

介绍基本的泡茶流程，以小壶泡法与盖碗泡法为例。

（一）小壶泡茶法

1.注汤温壶：提高茶壶的温度。

2.注汤温品茗杯与匀杯。

3.投茶入则：根据客数、壶的大小，取出适量的茶。

4.投茶入壶：由茶则将茶纳置壶中。

5.注汤入壶：沸水注入茶壶泡瀹。让沸水注入茶壶中，使壶里每片茶叶都能在沸水中翻动，充分受热。

6.注茶入匀杯。

7.分茶入杯。为减少香气散失，低斟入杯。

8.奉茶与客。

（二）盖碗泡茶法

1.注汤温盖碗。

2.注汤温品茗杯与匀杯。

3.投茶入则：根据客数、盖碗的大小，取出适量的茶。

4.投茶入盖碗：由茶则将茶纳置盖碗。

5.注汤入盖碗：沸水注入茶盖碗泡瀹。

6.注茶入匀杯。

7.分茶入杯。

8.奉茶与客。

以上泡茶方式，还需要注意水温的问题，茶水比的问题，浸泡时间的问题。可参考地方标准《武夷岩茶冲泡与品鉴方法》（DB35/T1545—2015）：

投茶量一般为1:7～1:22的茶水比，即投茶量5～15克/110毫升。喜淡者以5～8克/110毫升为宜，喜浓者以10～15克/110毫升为宜。

冲泡武夷岩茶时，每泡应控制一定的时间后出汤，浸泡时间不含冲水和出汤的时间，浸泡时间应逐次延长。同时，品鉴者可根据自己的喜好调整茶汤的浓淡，方法是调整茶水比或浸泡时间。

茶叶之品鉴，从色香味着手。明代的黄龙德品鉴虎丘茶，"色犹玉露，而泛时香味，若将放之橙花，此茶之所以为美。真松萝出自僧大方所制，烹之色若绿筠，香若兰蕙，味若甘露，虽经日而色、香、味竟如初烹而终不易。"品鉴武夷岩茶的程序分为赏茶、闻香、观汤色、尝滋味、看叶底。清代梁章钜《归田琐记》，记武夷茶品有四等，"一曰香，花香、小种之类皆有之，今之品茶者，以此为无

赏茶

投茶

冲泡

出汤

分茶

上妙谛矣。不知等而上之，则曰清。香而不清，犹凡品也；再等而上之，则曰甘。香而不甘，则苦茗也；再等而上之，则曰活。甘而不活，亦不过好茶而已。活之一字，须从舌本辨之。微乎微乎！然亦必瀹以山中之水，方能悟此消息。"香、清、甘、活，仍是武夷岩茶品鉴标准与法则。

1. 赏茶

冲泡前鉴赏武夷岩茶的外形。武夷岩茶的外形条索紧结，稍扭曲，色泽青褐油润或灰褐，匀整洁净。

2. 闻香

每泡武夷岩茶都可通过闻干香、盖香、水香和底香来综合品鉴武夷岩茶的香气。闻香时宜深吸气，每闻一次后都要离开茶叶（或杯盖）呼气。武夷岩茶的香气似天然的花果香，锐则浓长，清则幽远；包括了似兰花香、蜜桃香、桂花香、栀子花香，或带乳香、蜜香、火功香等。香型丰富幽雅，富于变化。

品鉴茶叶的干茶香，可将茶叶倒入温杯后的盖杯或壶内，盖上后摇动几下，再细闻干茶的香气。而细闻盖香是鉴赏武夷岩茶香气的纯正、特征、香型、高低、持久等的重要方式。水香是指茶汤中的

香气，也称水中香。茶汤入口充分接触后，口腔中的气息从鼻孔呼出，细细感觉和体会武夷岩茶的香气。底香包括杯底香和叶底香。杯底香指品茗杯或茶海饮尽或倒出后余留的香气，也称挂杯香。叶底香指茶叶冲泡多次后叶底的香气。

3. 观汤色

鉴赏汤色，汤色以金黄、橙黄至深橙黄、或带琥珀色，清澈明亮为佳。

4. 尝滋味

品茶时，宜用啜茶法，让茶汤充分与口腔接触，细细感受茶汤的纯正度、醇厚度、回甘度和持久性，区分武夷岩茶的品种特征、地域特征和工艺特征，领略岩茶特有的"岩韵"。纯正度：武夷岩茶的茶汤滋味应表现出其自有的品质特征，以无异味、杂味为上品。纯正度以第一泡表现最为明显。醇厚度：武夷岩茶的茶汤滋味在口腔中表现出的厚重感、润滑性和饱满度。回甘度：以浓而不涩，回甘持久，内质丰富为佳，宜综合多次冲泡的滋味来判断。持久性：武夷岩茶的持久性表现为香气、回甘的持久程度和茶叶的耐泡程度。风格特征：鉴赏武夷岩茶的品种特征、地域特征和工艺特征以及不同的品质风格，风格特征以第2～4泡表现最为明显。

5. 看叶底

冲泡后观看叶底。轻、中火的武夷岩茶叶底肥厚、软亮、红边显或带朱砂红；足火的武夷岩茶叶底较舒展、"蛤蟆背"明显。

历史上，饮茶感受典范、飘逸者，莫过于卢仝的《走笔谢孟谏议寄新茶》，诗云："一碗喉吻润，两碗破孤闷。三碗搜枯肠，唯有文字五千卷。四碗发轻汗，平生不平事，尽向毛孔散。五碗肌骨清，六碗通仙灵。七碗吃不得也，唯觉两腋习习清风生。"在如今快节奏的生活中，择一幽静处，有美器好水，嘉宾满座，品饮溪谷留香，享受茶汤的魅力，是一种人间至味。

著作类

1.古代部分：

（宋）胡仔.苕溪渔隐丛话[M].北京：中华书局,1976.

（宋）蔡绦.铁围山丛谈[M].北京：中华书局,1983.

（宋）曾慥.高斋漫录[M].北京：中华书局,1985.

（宋）宋子安.东溪试茶录[M].北京：中华书局,1985.

（宋）蔡襄.蔡襄全集[M].福州：福建人民出版社，1999.

（宋）苏轼.苏轼全集[M].上海：上海古籍出版社，2000.

（宋）赵佶.大观茶论[M].北京：中华书局,2013.

（宋）蔡襄，等.茶录（外十种）[M].上海：上海书店出版社,2015.

（清）朱彝尊.曝书亭集[M].文渊阁四库全书本.

（清）姚衡.寒秀草堂笔记[M].上海：商务印书馆，1937.

（清）郭柏苍.闽产录异[M].长沙：岳麓书社，1986.

（清）梁章钜.归田琐记[M].北京：中华书局，1997.

（清）董天工.武夷山志[M].北京：方志出版社，2007.

（清）袁枚.小仓山房诗文集[M].上海：上海古籍出版社，2014.

2.近现代部分：

林馥泉.武夷茶叶之生产制造及运销[M].福建省农林处农业经济研究室，1943.

陈祖椝，朱自振.中国茶叶历史资料选辑[M].北京：农业出版社，1981.

陈椽.制茶技术理论[M].上海：上海科技出版社，1984.

刘勤晋，廖澈.茶叶加工技术[M].成都：四川科技出版社，1986.

吴觉农.吴觉农选集[M].上海：上海科学技术出版社，1987.

彭盛友，胡黛棣.美丽传说[M].福州：福建人民出版社，1993.

武夷山市志编纂委员会.武夷山市志[M].北京：中国统计出版社，1994.

朱自振.茶史初探[M].北京：中国农业出版社，1996.

阮浩耕，沈冬梅，于良子.中国古代茶叶全书[M].杭州：浙江摄影出版社，1999.

徐海荣.中国茶事大典[M].北京：华夏出版社，2000.

吴邦才.世界遗产武夷山[M].福州：福建人民出版社，2000.

杨贤强.茶多酚化学[M].上海：上海科技出版社，2003.

郑培凯，朱自振.中国历代茶书汇编[M].香港：商务印书馆有限公司，2007.

萧天喜.武夷茶经[M].北京：科学出版社，2008.

刘枫.历代茶诗选注[M].北京：中央文献出版社，2009.

廖宝秀.茶韵茗事——故宫茶话[M].台北：故宫博物院，2011.

陈宗懋，杨亚军.中国茶经[M].上海：上海文化出版社，2011.

黄贤庚.武夷茶说[M].福州：福建人民出版社，2012.

陈慈玉.近代中国茶业之发展[M].北京：中国人民大学出版社，2013.

刘超然，吴石仙.崇安县新志[M].厦门：鹭江出版社，2013.

罗盛财.武夷岩茶名丛录[M].福州：福建科学技术出版社，2013.

肖坤冰.茶叶的流动：闽北山区的物质、空间与历史叙事（1644—1949）[M].
北京：北京大学出版社，2013.

林世兴.云南山头茶[M].昆明：云南科技出版社，2014.

刘勤晋.茶文化学[M].3版.北京：中国农业出版社，2014.

裘纪平.中国茶画[M].杭州：浙江摄影出版社，2014.

黄胜科，李崇英.朱子之路[M].福州：福建教育出版社，2015.

骆耀平.茶树栽培学[M].5版.北京：中国农业出版社，2015.

解致璋.清香流动：品茶的游戏[M].北京：生活·读书·新知三联书店，2015.

陈常颂，余文权.福建省茶树品种图志[M].北京：中国农业科学技术出版社，2016.

刘勤晋，李远华，叶国盛.茶经导读[M].北京：中国农业出版社，2016.

福建省图书馆.闽茶文献丛刊[M].北京：国家图书馆出版社，2016.

廖宝秀.历代茶器与茶事[M].北京：故宫出版社，2018.

3.国外部分：

[日]山西贞.お茶の科学[M].日本：裳华房，1992.

[日]村山敬一郎，等.茶の机能[M].东京：学会出版センター，2002.

[美]威廉·乌克思.茶叶全书[M].北京：东方出版社，2011.

[澳]Lonely Planet公司.福建[M].北京：中国地图出版社，2014.

[英]罗伯特·福琼.两访中国茶乡[M].南京：江苏人民出版社，2016.

[英]艾伦·麦克法兰，[英]艾丽斯·麦克法兰.绿色黄金：茶叶帝国[M].北京：社会科学文献出版社，2017.

论文类

张天福.改良福建茶业与职业教育的实施[J].安农校刊，1937（2）.

张天福.福建示范茶厂五年计划[J].闽茶季刊，1940（1）.

王泽农.武夷茶岩土壤[J].茶叶研究，1943（4-5）、1944（1-6）.

刘振中.武夷山的形成与地貌发育特征[J].南京大学学报：自然科学版，1984（3）.

徐晓望.清代福建武夷茶生产考证[J].中国农史，1988（2）.

丁以寿.苏轼《叶嘉传》中的茶文化解析[J].茶业通报，2003（3）.

龚永新.苏轼美茶思想的理解与阐发[J].长江大学学报：社会科学版，2007（4）.

孙威江，陈泉宾，林锻炼，等.武夷岩茶不同产地土壤与茶树营养元素的差异[J].福建农林大学学报：自然科学版，2008（1）.

徐桂妹，陈泉宾.武夷岩茶产区的气候条件分析[J].茶叶科学技术，2009（3）.

郭雅玲.武夷岩茶品质的感官审评[J].福建茶叶，2011（1）.

陈华葵，杨江帆.土壤微量营养元素对武夷肉桂茶品质的影响[J].亚热带植物科学，2014（3）.

郑学檬.武夷茶外销研究[J].茶缘，2014（5）.

叶国盛.论赤石在武夷茶史中的角色[J].福建茶叶，2015（2）.

陈华葵，杨江帆.武夷岩茶不同岩区品质形成研究进展[J].食品安全质量检测学报，2016（1）.

刘宝顺.武夷岩茶自然生态环境与品质[J].中国茶叶，2017（8）.

叶国盛，赵宇欣.明清时期武夷茶鉴评辑考[J].武夷学院学报，2018（1）.

叶 嘉 传

宋·苏轼

叶嘉，闽人也，其先处上谷。曾祖茂先，养高不仕，好游名山，至武夷，悦之，遂家焉。尝曰："吾植功种德，不为时采，然遗香后世，吾子孙必盛于中土，当饮其惠矣。"茂先葬郝源，子孙遂为郝源民。至嘉，少植节操。或劝之业武，曰："吾当为天下英武之精，一枪一旗，岂吾事哉？"因而游，见陆先生。先生奇之，为著其行录传于时。方汉帝嗜阅经史，时建安人为谒者侍上，上读其行录而善之，曰："吾独不得与此人同时哉！"曰："臣邑人叶嘉，风味恬淡，清白可爱，颇负其名，有济世之才，虽羽知犹未详也。"上惊，敕建安太守召嘉，给传遣诣京师。

郡守始令采访嘉所在，命赍书示之。嘉未就，遣使臣督促。郡守曰："叶先生方闭门制作，研味经史，志图挺立，必不屑进，未可促之。"亲至山中，为之劝驾，始行登车。遇相者揖之，曰："先生容质异常，矫然有龙凤之姿，后当大贵。"嘉以皂囊上封事。皇帝见之，曰："吾久饫卿名，但未知其实尔，我其试哉！"因顾谓侍臣曰："视嘉容貌如铁，资质刚劲，难以遽用，必槌提顿挫之乃可。"遂以言恐嘉曰："碪斧在前，鼎镬在后，将以烹子，子视之如何？"嘉勃然吐气曰："臣山薮猥士，幸为陛下采择至此，可以利生，虽粉身碎骨，臣不辞也！"上笑，命以名曹处之，又加枢要之务焉。因诫小黄门监之。有顷，报曰："嘉之所为，犹若粗疏然。"上曰："吾知其才，第以独学，未经师耳。"嘉为之，屑屑就师。顷刻就事，已精熟矣。

上乃敕御史欧阳高、金紫光禄大夫郑当时、甘泉侯陈平三人与之同事。欧阳疾嘉初进有宠，曰："吾属且为之下矣。"计欲倾之。会皇帝御延英促召四人，欧但热中而已，当时以足击嘉，而平亦以口侵陵之。嘉虽见侮，为之起立，颜色不变。欧阳悔曰："陛下以叶嘉见托，吾辈亦不可忽之也。"因同见帝，阳称嘉美而阴以轻浮訾之。嘉亦诉于上。上为责欧阳，怜嘉，视其颜色，久之，曰："叶嘉真清白之士也。其气飘然，若浮云矣。"遂引而宴之。少间，上鼓舌欣然，曰："始吾见嘉，未甚好也，久味其言，令人爱之，朕之精魄，不觉洒然而醒。《书》曰：'启乃心，沃朕心。'嘉之谓也。"于是封嘉钜合侯，位尚书，曰："尚书，朕喉舌之任也。"由是宠爱日加。朝廷宾客遇会宴享，未始不推于嘉。上日引对，至于再三。

后因侍宴苑中，上饮逾度，嘉辄苦谏。上不悦，曰："卿司朕喉舌，而以苦辞逆我，余岂堪哉？"遂唾之，命左右仆于地。嘉正色曰："陛下必欲甘辞利口然后爱耶？臣虽言苦，久则有效。陛下亦尝试之，岂不知乎？"上顾左右曰："始吾言嘉刚劲难用，今果见矣。"因含容之，然亦以是疏嘉。

嘉既不得志，退去闽中，既而曰："吾末如之何也，已矣。"上以不见嘉月余，劳于万机，神蒿思困，颇思嘉。因命召至，喜甚，以手抚嘉曰："吾渴见卿久矣。"遂恩遇如故。上方欲南诛两越，东击朝鲜，北逐匈奴，西伐大宛，以兵革为事。而大司农奏计国用不足。上深患之，以问嘉。嘉为进三策，其一曰：榷天下之利，山海之资，一切籍于县官。行之一年，财用丰赡。上大悦。兵兴，有功而还。上利其财，故榷法不罢。管山海之利，自嘉始也。居一年，嘉告老。上曰："钜合侯，其忠可谓尽矣！"遂得爵其子。又令郡守择其宗支之良者，每岁贡焉。嘉子二人，长曰抟，有父风，故以袭爵。次子挺，抱黄白之术。比于抟，其志尤淡泊也。尝散其资，拯乡闾之困，人皆德之。故乡人以春伐鼓，大会山中，求之以为常。

赞曰：今叶氏散居天下，皆不喜城邑，惟乐山居。氏于闽中者，盖嘉之苗裔也。天下叶氏虽夥，然风味德馨，为世所贵，皆不及闽。闽之居者又多，而郝源之族为甲。嘉以布衣遇皇帝，爵彻侯，位八座，可谓荣矣。然其正色苦谏，竭力许国，不为身计，盖有以取之。夫先王用于国有节，取于民有制。至于山林川泽之利，一切与民。嘉为策以权之，虽救一时之急，非先王之举也，君子讥之。或云管山海之利，始于盐铁丞孔仅、桑弘羊之谋也，嘉之策未行于时，至唐赵赞，始举而用之。

【译文】

叶嘉是闽人，他的祖先居住在上谷。他的曾祖父茂先，隐居高品并未入仕，喜好周游名山大川，至武夷山，很喜欢这个地方，便定居在此。他曾说："我传化功德，即便不能当世显赫，也可将美德传承给后代，子孙们一定会在中原兴盛起来，那是因为他们继承了我的家风家德之真传，由此得到恩惠。"茂先葬在郝源，他的子孙世代便居住在郝源。

叶嘉年轻时就修养节操，有人劝他习武。他说："我的志向是做天下英豪中的精英，舞刀弄枪并非我的志愿！"因此叶嘉去游历，拜访陆先生。先生感到叶嘉与众不同，将他的品德言行记载而传于世。恰逢汉帝喜欢研读经史书籍，读叶嘉德行后，赞赏说："我恨不得与此人同世呢！"

当时有担任谒者的建安人侍奉皇帝，即对皇帝说："叶嘉是我的同乡，风格恬淡，清白可爱，盛名丰泽，有济世才能，虽然陆羽记载其德行，但从其文中很难去了解叶嘉的品行才干。"皇帝非常惊喜，于是命建安太守宣召叶嘉，命官遣车去征召叶嘉进京。

郡守寻访叶嘉的居所，并携带公文给他看。叶嘉并未赴京，朝廷又派使者督促此事。郡守说："叶先生闭门著书，研读经史，志在挺立于当世，一定不屑于进朝，督促驱使他之事不可操之过急。"郡守亲至山中叶嘉的住处，劝他赴京面圣，叶嘉才登车启程。路遇看相之人向他作揖，并说："先生相貌气度与众不同，神情朗朗，有龙凤之神态，以后一定会得到高贵之位。"

叶嘉用黑色的丝囊包好奏折呈给皇帝。皇帝见之，说："很久就听说您的大名，但不知实际怎样，我想试试！"皇帝对侍臣说："叶嘉的容貌像铁一样冷峻，资质刚强道劲，恐怕难以马上重用，必先对其槌打挫折。"于是就恐吓叶嘉说："前有刀斧，后有油锅，若将你烹煮，你会怎么样呢？"叶嘉奋然吐了一口气，说："我乃山野卑贱之士，有幸被陛下选中至朝堂之上，我的死若利于生民，那么粉身碎骨，我也在所不辞。"皇帝笑了，把他放到重要部门，又让他负责机要之务。皇帝命黄门太监暗中监察叶嘉的言行。不久，太监回报说："叶嘉所为似乎有些粗疏。"皇帝说："他的才干，我是清楚的，由于自学独立，未有名师指点而已。"叶嘉开始做事，就连琐碎小事都向老师讨教。不久叶嘉再做事，就非常精通了。

皇帝命御史欧阳高、金紫光禄大夫郑当时、甘泉侯陈平三人和叶嘉共同管理国家大事。欧阳高嫉妒叶嘉刚进朝廷得宠，说："咱们地位就要在他之下了。"于是施计排挤叶嘉。正好皇帝到延英殿催促四人来见，欧阳高只是假意叫他，郑当时脚踢叶嘉，陈平也讥讽他。叶嘉虽然受到侮辱，但进退举止仍无不合礼，面容不改。欧阳高后悔地说："陛下把叶嘉托与我们，我们是不能轻视他的。"因此一同去见皇帝，他们假意称赞叶嘉，可言谈间诋毁他轻浮，叶嘉也向皇帝申诉。皇帝为此责备欧阳高等人，反而更喜爱叶嘉，他注视叶嘉面色良久，说道："叶嘉乃真清白之人啊。他气韵飘然，如浮云一般。"于是，皇帝引领叶嘉出席宴会。宴席刚开始一会儿，皇帝滔滔不绝讲起话来，说："我刚见到叶嘉时，没觉得怎么好，时间久长后回味其话，实在令我喜爱，我的精神魂魄，似乎被涤荡而重新觉醒。《尚书》说'启乃心，沃朕心'（启发人心，丰富我心），说的就是叶嘉啊。"于是封叶嘉为钜合侯，官居尚书，说："尚书，如君王喉舌之职位。"此后，对叶嘉日益宠爱。朝廷大臣遇饮宴聚会，无不推崇叶嘉。皇帝每日都要见他，甚至一天召见他好几次。

在一次园林宴会中，皇帝饮酒过度，叶嘉苦苦劝谏，皇帝不悦，说："你掌管我喉舌之事，怎能说难听的话忤逆我，我如何忍受！"于是向叶嘉吐沫，命人将其推倒于地。叶嘉严正其色，说："陛下听了动人顺耳的话，才会喜欢我吗？我的忠言虽不好听，但时间长久可知我的忠言有效。陛下曾试用过我，难道不知道我吗？"皇帝看着左右的人说："开始我已觉叶嘉性格刚烈难以用之，而今果知不同一般。"皇帝当时宽恕包容了他，但却开始疏远叶嘉。

叶嘉不得志于朝廷，便回到家乡闽地，对人说："我未能对国家朝政有所作为，如此罢了。"皇帝一个多月没有见到叶嘉，辛劳处理国家事务，疲劳困顿不已，因此非常想念叶嘉。皇帝下令召回叶嘉，叶嘉回朝，皇帝非常欣喜，抚摸着叶嘉说："我渴望你回来很久了。"皇帝此后对叶嘉的宠信和原来一样。皇帝欲征讨南方的两越，攻打东方的朝鲜，驱逐北方的匈奴，讨伐西方的大宛，以军事为重。而大司农奏议说，国家财力不足以支撑战争消耗。皇帝为此忧虑不已，询问于叶嘉。叶嘉为皇帝献上三策，其一即实行国家专卖制度，有利于国家收益的买卖，如山货海产等，全都登记于县官文簿。此政行之一年，国家收益丰厚，财政大大改善。皇帝欣喜不已，率兵出征而凯旋。皇帝贪图专卖制度的巨大好处，以至于战争结束后也未废黜专卖权制度。所以垄断民间山货海产之利的制度是从叶嘉开始的。

一年之后叶嘉请示告老还乡。皇帝说："钜合侯之忠心可算尽到了。"因此要封他的儿子袭位。还令郡守每年选其优秀的宗族子弟，召到朝廷任用。叶嘉有两个儿子，长子叶抟，很有父亲之风范，因此他承袭爵位。次子叶挺，喜研究炼丹道家之术，相较叶抟，他志趣淡泊。他曾散家财以扶困贫疾乡亲，被人赞颂德行高尚。因此，他的乡人春荒时聚于山中播鼓，请求叶挺施以援手，皆习以为常。

赞词说：现今叶氏家族散居天下，都不喜住于城邑，只愿意住在山区。闽中一宗，就是叶嘉之后裔。天下叶姓虽多，然而品德风范高尚，被世人所尊敬的家族皆不如闽中的后代。闽中所居叶氏者，而郝源一宗最为被人称道。叶嘉以布衣遇皇帝赏识，封爵至侯，官职到最高的等级，真可谓荣耀之极。但是他正色苦谏，竭尽效忠国家，不为己想，颇为可取。先王于国之用度有节制，从民间取财货也要有节制，那些山林川泽之利，都是应该施惠于民的。叶嘉荐言采用专卖制度，虽救一时之急，却不符先王之旨，君子对此有所讥讽。也有人说，垄断山货海产之利之法，始于盐铁丞孔仅、桑弘羊等人的谋划。叶嘉的榷法在当世并未实行，至唐代赵赞才开始向朝廷提出并采纳他的方法。

附录二

大红袍史话及观制记

廖存仁

武夷岩茶夙负盛名。其茶具岩骨花香之胜，制法介于红茶、绿茶之间，必求所谓绿叶红镶边者方称上乘。其味甘泽而气馥郁，无绿茶之苦涩，有红茶之浓艳，性和不寒，久藏不坏，香久益清，味久益醇，名驰遐迩，中外同钦。逊清充作御茶之大红袍，尤为岩茶中之吉品。外间对大红袍之传说，妙不可言，有谓野生绝壁，人莫能登。每年茶季，寺僧以果饵山猴采之，有谓"树高千丈，叶大如掌，生穷崖峭壁，风吹叶坠，寺僧拾制为茶，能治百病。"当地传说则谓为："岩上神人所栽，寺僧每于元旦日焚香礼拜，泡少许供佛。茶可自顾，无需人管理。有窃之者立即腹痛，非弃之不能愈。因此为神人所植，凡人不能先尝。"其说纷纷，莫衷一是，笔者适得机会观其采制，颇饶兴趣。

天心寺观山僧采茶

十七日晨，偕林主任夫妇匆匆至天心，见妙当方丈在韦陀佛前焚香礼拜，另一小僧撞钟三响，方丈即携二僧（一提茶篮，另一持和尚袈裟）。出寺门至茶墩邀包头及做青师转向寺右之山岭而下，岭尽沿溪涧而上。行约二里，见大石壁下，岩脚寻丈，有崩口罅隙处，方丈之地，植茶三丛，距茶丛五六丈远岩脚上，架一板屋。行至此，方丈止步，顾谓笔者曰："此处名九龙窠，是茶即大红袍，其中间较高一株为正本，旁二丛其副本也。"言已即攀援而登，二僧尾之。笔者与林主任等数人亦随之而上。审视之，茶树品种并无特殊，即普通之菜茶。树高一公尺八寸五分，主干约十枝，茶丛周围约五公尺半，枝叶以被人攀折过多，树势不甚繁茂，叶不甚大，带淡绿色，茶芽微泛棕红色。以地方太小，我等四人，立于茶树之外旁，手握干枝，以防倾跌。方丈及二人立于里侧，披袈裟，焚香烛，放火炮，向茶树礼拜。拜毕，方丈开始采摘，口中念"中华民国，风调雨顺，国泰民安……"念毕，将所摘茶叶，掷于篮中，携一僧先归，留他一僧与包头等采摘。采摘完毕，职并参观其制造。

祭太伯分赠大红袍

正午，寺僧备斋祭茶厂中供奉之杨太伯。由方丈妙常和尚领导诵经行礼，态度谨岩。据云，杨太伯为江西人，乃开发武夷山植茶之鼻祖，现武夷各茶厂咸供奉之。十八日上午，茶叶制成，寺僧以小簸箕盛之，置于正殿之释伽牟尼佛前。然后各殿遍燃香烛，并以泉水泡大红袍一壶，每佛前一杯。诸事就绪，方丈领寺中较有地位之和尚，各披袈裟，在释伽牟尼殿行礼。另一僧撞钟，一僧放爆竹，仪式隆重，如作大场佛事然。礼毕，方丈将小簸箕内茶叶，持归收藏。其余别僧，则以壶中供佛所余之大红袍茶斋客，并分寺中诸和尚及茶厂制茶工人，每人一杯。彼等分得一杯，如饮甘露，均欣欣然有喜色，而相告曰："今天吃了大红袍。"

武夷天心岩"大红袍"采制记录（1941年5月17日）

茶树地点：天心岩九龙窠

采摘时间：上午八时三十分

茶青重量：二斤四两

晒青筛数：分摊四筛

晒青时间：自九点三十分起至十点三十分止，共计一小时

晒青翻拌次数：九点五十三分翻拌一次

晒青温度：由摄氏三十二度半升至三十五度半

凉青筛数：由四筛拼作二筛

（是时茶叶颇为柔软，以手握住，仅微有响声，用手平举叶柄，则茶端与两边向下垂）

晒青时间：自十点三十分起至十点四十五分止，共计十五分钟

凉青温度：摄氏二十五度

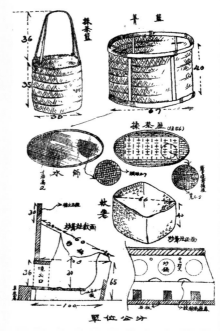

武夷岩茶制造器具图

茶青进青间时间及筛数：十点四十五分移入青间，由两筛拢作一筛，并拢时摇动十二转，是时茶叶已无烧气

青间温度：摄氏二十一度半（至夜深尚无变动）

茶叶在青间放置之时数：十七日上午十时四十五分移入青间，至十八日上午一时二十五分取出交炒，共计十四小时四十分

做青次数：共计七次

一、第一次　十二点二十七分，仅摇十六下，未曾用手，惟摊放面积

缩小在筛沿内三寸左右。是时茶叶与进青间时并无甚差异。

二、第二次 下午二时八分，约摇八十转，亦未曾用手。是时茶叶已微有发酵现象，能看出一二片边缘有似猪肝之紫红色。

三、第三次 四点四十五分，先摇一百转，然后用双手握叶轻拍二十余下，拍后复摇四十余转。是时发酵程度增加，嫩叶边缘多现紫红色并略恢复生茶原有之生硬性，摊放面积大小如前。

四、第四次 八时五分，摇四十下，未曾用手，茶叶有半数成所谓绿叶红镶边，并颇挺硬，摊放面积再缩小约在筛沿内五寸左右。

五、第五次 九时十分，摇一百四十四转，茶叶形状与前无异，惟更硬挺耳。

六、第六次 十时四十五分，先摇一百转，然后用双手握叶轻拍三十下，再摇五十五转。是时茶叶已全部硬挺，叶边皱缩，叶心凸出，卷成瓢形，并有一股香气，芬芳馥郁，摊放面积更甚缩小，直径约一市尺七寸。

七、第七次 十二时正，摇六十下，做三十五下。是时茶叶红绿相间，香气益浓。

十八日上午一时二十五分处理适度取出交炒。

炒青时间：初炒一分半钟，翻拌八十六下，温度估计约摄氏一百四十度左右；复炒二十秒钟，解块两次，翻两转，温度估计约摄氏一百度（因时间来不及，未用温度计）。

烘焙：初烘二十分钟，翻三次，温度八十摄氏度；复烘二点十分钟，温度摄氏六十八度。

成茶重量：八两三钱（茶头焙茶在内）。

落稿之时，武夷山又遇上强对流天气，下起大雨，且电闪雷鸣。尽管如此，我还是喜欢武夷山，不仅因它有旖旎的水光山色，更因它有许多茶的故事和创造故事的人。

"溪谷留香"的故事告一段落，但新茶的焙火仍在进行，且一直要延续到年底。我期望以此为契机，有更多描写武夷山茶人"匠心精神"的好书问世，引领中国茶业沿着"精行俭德"之路奋勇前进。

本书付梓前，蒙中国农业出版社资深高级编审穆祥桐先生亲自审稿，孙鸣凤编辑精心策划、编辑加工；参加本书编写的还有武夷学院叶国盛老师、程曦老师，西南大学谢煜慧老师，他们在教学科研百忙中抽出时间完成书稿，特向他们致以崇高敬意。叶嘉岩茶厂厂长叶家亮先生为本书编写提供赞助，武夷岩茶制作技艺传承人刘国英大师和他的徒弟刘国明、刘德喜、刘德生，叶嘉岩茶厂的叶景生、杨康、杨一帆、夏彩云、叶舒琦等对本书编写提供大力帮助，武夷山市席坊文化传媒有限公司、张秀琴、叶国盛、黄绍锋等为本书提供照片，谨此一并申谢。